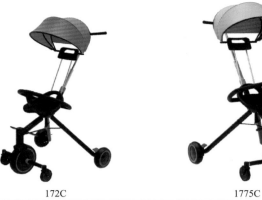

172C   1775C   603C

318C

图2-33 配色方案

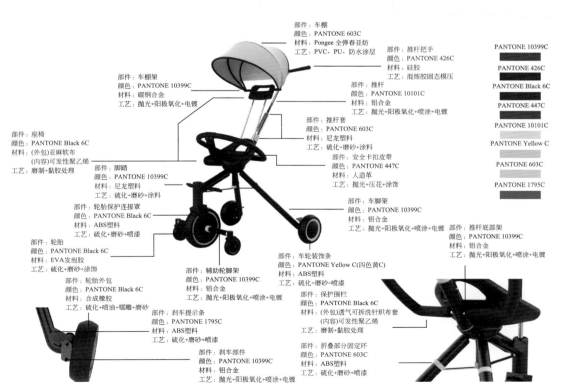

部件：车棚
颜色：PANTONE 603C
材料：Pongee 全弹春亚纺
工艺：PVC、PU、防水涂层

部件：推杆把手
颜色：PANTONE 426C
材料：硅胶
工艺：混炼胶固态模压

部件：车棚架
颜色：PANTONE 10399C
材料：碳钢合金
工艺：抛光+阳极氧化+电镀

部件：推杆
颜色：PANTONE 10101C
材料：铝合金
工艺：抛光+阳极氧化+喷涂+电镀

部件：推杆套
颜色：PANTONE 603C
材料：尼龙塑料
工艺：硫化+磨砂+涂料

部件：座椅
颜色：PANTONE Black 6C
材料：(外包)亚麻软布
(内容)可发性聚乙烯
工艺：磨制+黏胶处理

部件：脚踏
颜色：PANTONE 10399C
材料：尼龙塑料
工艺：硫化+磨砂+涂料

部件：安全卡扣皮带
颜色：PANTONE 447C
材料：人造革
工艺：抛光+压花+涂饰

部件：轮胎保护连接罩
颜色：PANTONE Black 6C
材料：ABS塑料
工艺：硫化+磨砂+喷漆

部件：车脚架
颜色：PANTONE 10399C
材料：铝合金
工艺：抛光+阳极氧化+喷涂+电镀

部件：推杆底部架
颜色：PANTONE 10399C
材料：铝合金
工艺：抛光+阳极氧化+喷涂+电镀

部件：轮胎
颜色：PANTONE Black 6C
材料：EVA发泡胶
工艺：硫化+磨砂+涂饰

部件：车轮装饰条
颜色：PANTONE Yellow C(四色黄C)
材料：ABS塑料
工艺：硫化+磨砂+喷漆

部件：轮胎外包
颜色：PANTONE Black 6C
材料：合成橡胶
工艺：硫化+喷油+镭雕+磨砂

部件：辅助轮脚架
颜色：PANTONE 10399C
材料：铝合金
工艺：抛光+阳极氧化+喷涂+电镀

部件：保护围栏
颜色：PANTONE Black 6C
材料：(外包)透气可拆洗针织布套
(内容)可发性聚乙烯
工艺：磨制+黏胶处理

部件：刹车提示条
颜色：PANTONE 1795C
材料：ABS塑料
工艺：硫化+磨砂+喷漆

部件：折叠部分固定环
颜色：PANTONE 603C
材料：ABS塑料
工艺：硫化+磨砂+喷漆

部件：刹车部件
颜色：PANTONE 10399C
材料：铝合金
工艺：抛光+阳极氧化+喷涂+电镀

PANTONE 10399C

PANTONE 426C

PANTONE Black 6C

PANTONE 447C

PANTONE 10101C

PANTONE Yellow C

PANTONE 603C

PANTONE 1795C

图2-34 CMF分析

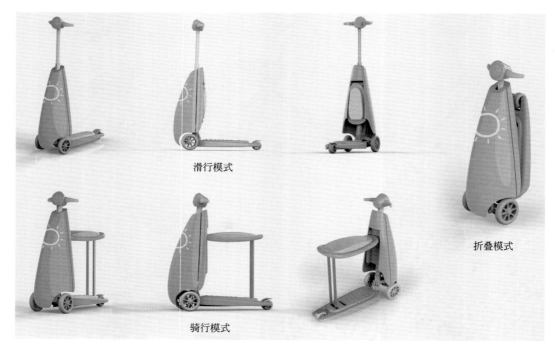

滑行模式

折叠模式

骑行模式

图2-62　最终方案效果图

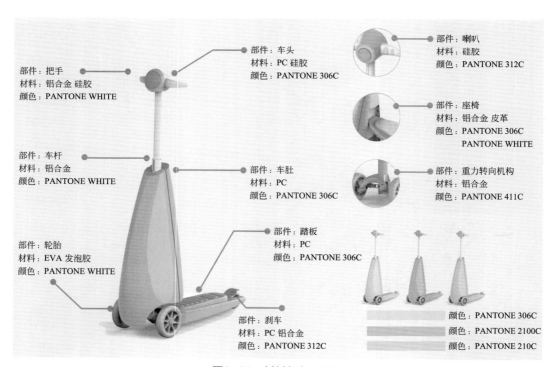

部件：把手
材料：铝合金 硅胶
颜色：PANTONE WHITE

部件：车头
材料：PC 硅胶
颜色：PANTONE 306C

部件：喇叭
材料：硅胶
颜色：PANTONE 312C

部件：座椅
材料：铝合金 皮革
颜色：PANTONE 306C
　　　PANTONE WHITE

部件：车杆
材料：铝合金
颜色：PANTONE WHITE

部件：车肚
材料：PC
颜色：PANTONE 306C

部件：重力转向机构
材料：铝合金
颜色：PANTONE 411C

部件：踏板
材料：PC
颜色：PANTONE 306C

部件：轮胎
材料：EVA 发泡胶
颜色：PANTONE WHITE

颜色：PANTONE 306C
颜色：PANTONE 2100C
颜色：PANTONE 210C

部件：刹车
材料：PC 铝合金
颜色：PANTONE 312C

图2-68　材料与色彩分析

图4-20　色彩方案1

图4-21　色彩方案2

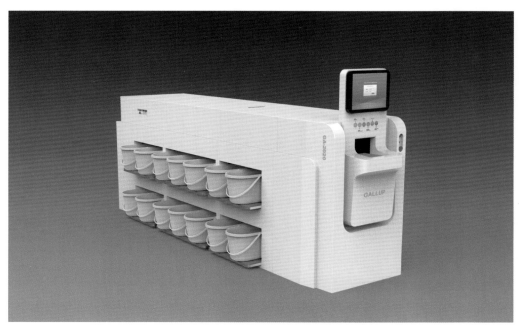

图4-23　三期设计方案效果图

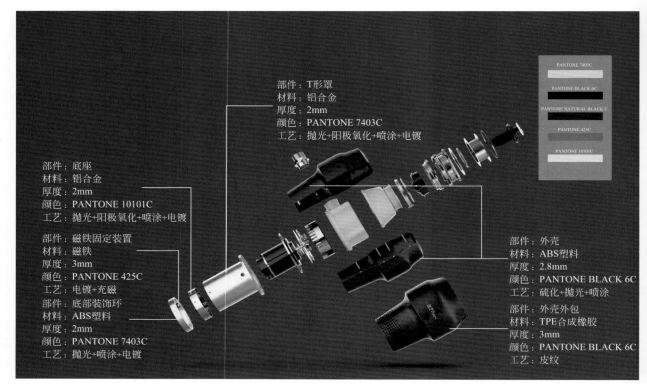

部件：T形罩
材料：铝合金
厚度：2mm
颜色：PANTONE 7403C
工艺：抛光+阳极氧化+喷涂+电镀

部件：底座
材料：铝合金
厚度：2mm
颜色：PANTONE 10101C
工艺：抛光+阳极氧化+喷涂+电镀

部件：磁铁固定装置
材料：磁铁
厚度：3mm
颜色：PANTONE 425C
工艺：电镀+充磁

部件：底部装饰环
材料：ABS塑料
厚度：2mm
颜色：PANTONE 7403C
工艺：抛光+喷涂+电镀

部件：外壳
材料：ABS塑料
厚度：2.8mm
颜色：PANTONE BLACK 6C
工艺：硫化+抛光+喷涂

部件：外壳外包
材料：TPE合成橡胶
厚度：3mm
颜色：PANTONE BLACK 6C
工艺：皮纹

PANTONE 7403C
PANTONE BLACK 6C
PANTONE NATURAL BLACK C
PANTONE 425C
PANTONE 10101C

图5-21　CMF分析

图5-22　效果图

工业设计

整合创新

实战

吴海红　李兵　著

化学工业出版社
·北京·

内容简介

本书在理论层面，通过经典案例简要讲解工业设计整合创新的路径、机会、因素以及流程；在实践层面，结合婴童产品、练琴助手、大输液智能分拣机、厨余垃圾处理器等设计实战项目，分别从功能与形态整合创新、结构与材料整合创新、面向装配的设计创新、基于成本的设计创新等不同视角，详细阐述面向制造的工业设计（IDFM）创新进程，体现工业设计整合创新的价值。

本书可供工业设计从业人员阅读参考，还可供普通高校工业设计、产品设计专业师生学习使用。

图书在版编目（CIP）数据

工业设计整合创新实战/吴海红，李兵著．—北京：
化学工业出版社，2020.12（2023.4重印）
ISBN 978-7-122-38056-2

Ⅰ．①工…　Ⅱ．①吴…②李…　Ⅲ．①工业设计
Ⅳ．①TB47

中国版本图书馆CIP数据核字（2020）第244471号

责任编辑：李彦玲　　　　　　　　　　　文字编辑：郝芯缈　陈小滔
责任校对：李　爽　　　　　　　　　　　装帧设计：王晓宇

出版发行：化学工业出版社（北京市东城区青年湖南街13号　邮政编码100011）
印　　装：北京科印技术咨询服务有限公司数码印刷分部
787mm×1092mm　1/16　印张8　彩插2　字数250千字　2023年4月北京第1版第2次印刷

购书咨询：010-64518888　　　　　　　　售后服务：010-64518899
网　　址：http://www.cip.com.cn
凡购买本书，如有缺损质量问题，本社销售中心负责调换。

定　　价：48.00元　　　　　　　　　　　　　　　版权所有　违者必究

2020年7月15日，工信部联政法〔2020〕101号《关于进一步促进服务型制造发展的指导意见》正式发布。该指导意见在"工业设计服务"板块，写到"实施制造业设计能力提升专项行动，加强工业设计基础研究和关键共性技术研发，建立开放共享的数据资源库，夯实工业设计发展基础。创新设计理念，加强新技术、新工艺、新材料应用，支持面向制造业设计需求，搭建网络化的设计协同平台，开展众创、众包、众设等模式的应用推广，提升工业设计服务水平"。由此可见，工业设计服务对于进一步促进服务型制造发展与升级发挥着不可小觑的作用。

为了更高质量促进服务型制造发展，工业设计服务与创新应不满足于表面的外观形态设计，而是在功能、结构、材料、装配、机构整合甚至软硬件交互技术上同时发力，围绕一个项目进行全方位的创新设计，提交一套符合生产要求的工业设计系统解决方案。

每个成功的产品设计背后，都藏着一个精雕细琢、精益求精的故事。

本书理论联系实践，关注工业设计服务与创新的传统领域——服务型制造业与实体产品开发，将产品硬件研发所涉及的几个关键要素的创新作为重点，聚焦于实战项目与创新价值，重点把设计方案的遴选过程和设计创新的迭代进程讲清楚、说明白，深入浅出地讲解工业设计整合创新的方法和技巧。

本书从功能与形态整合创新、结构与材料整合创新、面向装配的设计创新、基于成本的设计创新等多个视角出发，分别结合婴童产品、练琴助手、大输液智能分拣机、厨余垃圾处理器等设计实战项目，详细阐述面向制造的工业设计（IDFM）创新进程，体现工业设计整合创新的价值。本书除了可作为高校工业设计/产品设计专业"产品设计与开发实践""整合创新设计实践""设计管理"等课程的教材，亦可作为工业设计公司与企业设计部门设计师/工程师的自学参考用书。

由于著者水平有限，书中不妥之处在所难免，恳请广大读者批评指正。

于南京工业大学虹桥校区工业设计研究所

2020年7月

目录

第三章
058　结构与材料整合创新（以练琴助手为例）

第一章

工业设计整合创新

第一节
产品的功能和技术路径

虽然现代工业设计服务的对象越来越宽泛，但本书所要讨论的设计对象主要是可组装的有形产品，就如同后面我们呈现的那些案例产品：儿童滑板车、厨余食物垃圾处理器等。这些产品更加适合用以下观点来解释产品创新的路径。从微观层面看，产品是一种技术系统，就如我们所见，产品都是由各种零件被按照一定的规律组合在一起，给予这个系统以能量与控制，这个组合体就能实现某种预设的功能。如果我们拆开一件产品直到不能拆卸为止，我们会发现每个零件都有存在的必要，如果丢失了其中的某一样，产品可能就不能运行或者存在隐患，其预设的功能就得不到保证了。例如，机械手表拆开后，可以得到一堆齿轮、发条、指针、外壳等零件，如果安装时遗忘了某个零件或者装配在错误的地方（可能也装不上），这块手表轻则计时不准，严重的根本就不能计时了，手表这个技术系统就失效了，人们只能将它丢弃。

因此，我们应该认识到，人们发明和制造了大量的产品，其目的是想获取其功能，满足人们的某种需求。为了实现产品的预设功能，就需要利用技术系统，通过相互作用的零件组合成不同的产品，从这个层面上看，产品的每一个零件都有其单一的功能，正是各种零部件的单一功能组合在一起，才最终支撑起产品的技术系统，实现了产品的总功能。

从产品微观系统来看，除去产品机会的识别外，产品开发的目标和任务主要围绕新功能的设定和新技术路径的实现而展开。

一、功能的设定

所有产品都需要满足人类生产生活的具体需求。需求对应的就是产品的功能，因此现代产品设计开发需要进行的产品定义中，设计伊始最主要的工作是功能设定，要清晰地描述产品能够满足人们的哪些需求。约翰•赫斯科特（Heskett J.）曾经说："我们所定居的这个世界的形式或结构不可避免地沦为了人类设计的结果……设计源于人类的各种决定（目的）和选择。"对设计他下了这样一个定义："Design is to design a design to produce a design"，中文的翻译为：设计是通过策划一个构想从而产生某个结果（的活动）。可以看出，约翰•赫斯科特强调了设计的功利性和目的性。如果我们能够深入理解功能，产品创新设计的内涵将变得不再难以理解。

比如，现代人每天使用的牙刷，其总功能是移除牙垢，以此达到清洁口腔的目的。移除牙垢作为这个技术系统的总功能，可以由不同的技术方式来实现。现在普遍使用的手动牙刷或电动牙刷，其原理都是通过刷头与牙齿表面的摩擦去除软垢。只是电动牙刷通过高频振动的刷头替代人手的操作，可以提高摩擦的效率。环顾市场，牙刷产品家族的品类可谓琳琅满目，并且还在不断开发新的刷毛材料，提高技术性能，改变新的造型，从而满足不同人群的购买需求。

但是，要想有突破性的全新产品，我们还必须理解牙刷对应的人们的最终目标即需求——始终拥有一口健康的牙齿。健康的牙齿也不是唯有刷牙来保持。除此之外，还需要养成健康的饮食习惯，定期看牙医和洗牙，会配合刷牙使用牙线等等。最近有一种叫冲牙器的产品比较流行，图1-1是某品牌冲牙器工作状态示意图。该产品能够产生增压水柱，利用高压水流冲洗牙垢，比起刷牙能更彻底清除口腔细菌，因此能保护牙齿免受不正确刷牙带来的伤害。以前只有口腔科医生才能掌握的清洁设备，如今经过改良后，个人也能在家里轻松操作了。理解人的根本需求，提炼出产品的总功能，回到产品系统的原点，是产品功能设定中的关键环节。为了达到总功能还需要仔细分析实现总功能的手段，从而得到下一级功能，如此依照目的和手段的关系，把各级子功能组合在一起就构成了功能系统图。

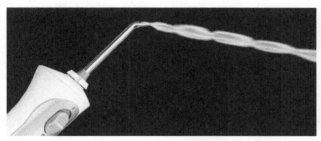

图1-1　某品牌冲牙器工作状态示意图

二、技术路径的选择

如果产品的功能系统图已经完成，产品创新设计的另一项任务就要思考各级功能如何实现，这个设计过程我们称之为技术路径。新产品技术路径要合理规避竞争企业的技术专利，通过移植其他成熟技术或者发明全新的技术，产品的各级功能达到设计目标，与此同时还需要降低产品成本，提高产品可靠性，这是产品创新设计的另一个重要任务。

🔧 案例分析

共享单车技术路径的选择

我们通过共享单车的设计案例来进一步理解技术路径选择或创新与功能实现的关系。共享单车由于是一种公共资源，产品的总功能是通过扫码获得自行车的使用权，其最终目标是解决人们短距离低成本、方便出行的需要。由于属于公共使用的一种产品，在产品设计上与传统自行车相比就有其特殊的设计要求：防盗、定位、免维护、高强度、识别性高等等。首先最重要的是智能车锁的设计，相较于传统自行车用钥匙开锁，第一代共享单车的智能锁利用手机和车辆的2G网络，增加了GPS功能。车辆接收指令后能够促使车锁电机开锁，锁体的能源来自骑车发电装置。随着技术的不断迭代，后续的智能锁技术逐渐改进，出现了内嵌GPS模块、SIM卡以及陀螺仪等硬件，开锁原理利用蓝牙信号传输，功耗降低的同时其能源获得也使用了太阳能。我们可以看到针对共享单车智能锁的技术演进经历了从短信、GPRS、GPRS+蓝牙、窄带物联网等方式，使得产品的用户体验越来越好，功耗越来越低。

在车轮胎的设计上，如何防止车胎因为扎钉子或者被人为撒气，共享单车采用的技术手段是非充气轮胎（不怕扎，永远不需要充气），从一开始的实心轮胎到后来的打孔轮胎（图1-2），技术的优化使得产品更加轻盈，但也牺牲了骑行的舒适性。

图1-2　共享单车轮胎

基于共享单车的特殊性，防盗、减少故障率对于商业投资方格外重要，而解决这些问题，就需要做好单车的每个配件设置与细节处理。共享单车所使用的螺丝，与日常生活中我们看到的螺丝不同，普通螺丝相对应的扳手也是比较普遍，拆卸螺丝也较为简单容易，给不法分子机会。而共享单车使用的多是不锈钢防盗螺丝，市面上主要有两种，一种是内六角带柱防盗螺丝，一种是梅花槽带柱点胶螺丝，见图1-3。梅花槽带柱的非标槽型，能更好地起到防拆防盗的作用。除此之外还有五边形、三角形（图1-3）等等不同的非标螺丝，它们的主要目的是无法用通用工具拆卸。

图1-3　非标螺丝

为了寻求产品技术系统的新路径，找到问题新的更好的解决方案，设计师除了需要在项目开始前充分了解设计对象的功能原理、结构之外，对于材料及其成型工艺、表面工艺也需要富有经验，以便能够控制成本，利于制造。特别是在技术路径选择与创新中，设计师既需要有灵感，更需要有一套可行的方法。在TRIZ解决发明问题的理论中，提出了40个发明措施，专门针对技术系统的功能给予有益的启示。利用发明措施，人们可以获得一定数量的具体且有效的技术系统改进办法，类似于用检索的方式解决已有的技术系统功能问题。

第二节
新产品的机会识别

一般新产品开发流程可以分为机会识别、产品概念、设计展开、原型制作与测试、试生产与量产等环节。机会识别是将人们的需求进行转化的关键环节，是产品概念的来源，是产品开发流程的起点。本节简要探讨如何进行新产品的机会识别。

一、新产品的类型

所谓新产品，就是能够满足人们新的需求的产品，或者用新的技术实现了原有需求，当然也存在用全新的技术来实现新的需求的新产品。因此，从市场需求与技术两个维度可以将产品分为九种主要类型，见图1-4。

图1-4 新产品的类型

从研发过程对新产品进行分类，可以分为创新型、更新换代型、改良型、系列型、降低成本型。

二、机会识别

创新产品的首要工作是判断需求，转化为合适的产品机会，根据企业的创新战略提出产品概念。产品机会的识别可以采取如下几种方式。

（一）从社会、经济与技术趋势中发掘

新产品的机会往往受到多种因素的影响，我们可以通过对社会、经济及技术发展趋势的研究，发现需求，找到产品的机会。

1. 社会因素

社会是共同生活的个体通过各种各样的关系联合起来的集合，即是由人与人形成的关系总和。一种解释，社即为土地之祖，会即指集会。在古代，人们往往会定期集会拜会土地庙，进而聚集了大量的形形色色的人群。因此社会的特征就是人群的集聚，由此，更多目的的、样式的聚集带动更多身份人群的集会，就形成了独特的社会现象，这些社会现象往往带有确定性、团体性、强制性的特点，具体来说就是社会现象都是有目的、大众参与的并且会在人群中相互制约与影响的现象。

进一步考察社会现象，可以分为两类：正面的常态现象、负面的病态现象。社会工作的任务就是弘扬正面现象，通过法律及道德等多种方式约束纠正负面现象。社会研究可以通过观察与解释深刻理解社会现象，剖析问题的原因，找到解决方案。如图1-5所示，大街上的一张照片显示了街边的门面广告店招，通过这张照片，我们能够观察到这栋大楼里开设有一大批教育培训机构。

如果我们再拓展范围，就可以发现这几乎是当前社会的一种普遍现象。通过因果分析，我们不难得出其原委。原因之一为了考进理想的大学继续深造，只好发奋学习。其二，学生成绩不好，家长焦虑，老师着急，学生自己也着急，参加课外培训班是个无奈的选择。从另一个角度，通过功能分析（面向未来的思考），我们可以这样来判断未来的社会趋势：大学扩大招生导致大学生增多，使得学历贬值，起先，大学生是天之骄子，一毕业就能找到好工作，而今，很多人面临"毕业即失业"的尴尬！

图1-5 街拍照片

透过社会现象的分析，我们能够探索到产生这种现象背后的深层次原因，设计也要思考如何为解决上述两方面提供有价值的方案，新的产品机会蕴含在内。

如何从社会因素发掘产品机会，不妨试一下如下几种常用的方法：

方法一：资料分析。通过网络收集各种社会现象，进行因果分析、功能分析，从而获得多个产品机会。

方法二：文化探析。根据目标用户自行记录的材料来了解用户。研究者需要向用户提供一个包含各种探析工具的包裹，帮助用户记录日常生活中产品和服务的使用体验。

方法三：人群观察。通过特定人群的持续观察，设计师能研究目标用户在特定情境下的行为，深入挖掘用户"真实生活"中的各种现象、有关变量及现象与变量间的关系。

方法四：用户旅程。深入了解客户在某次行为或接受某次服务的各个阶段的体验感受。

方法五：思维导图。利用一种视觉表达形式，展示围绕同一主题的发散思维与创意之间的相互关系。

方法六：趋势分析。专注于研究3～10年内在某一领域内的社会变化。微型趋势（1年）主要研究产品，中型趋势（5年）主要研究市场，大型趋势（10年）主要关注消费，巨型趋势（10～30年）主要研究社会。

2. 经济因素

经济因素可以从如下三个指标进行产品机会识别：

指标一：经济发达程度。美国经济学家罗斯托（Walt W. Rostow）将世界各国的经济成长分为传统社会、起飞前夕、起飞阶段、趋向成熟和高度消费时期五个发展阶段。前三个阶段属于发展中国家，后两个阶段属于发达国家。产品机会识别主要看目标人群所在地区的经济发达程度，判断人群的需求。

指标二：人均收入与消费水平。收入高则消费档次一般较高。

指标三：人民的生活质量。人们在医疗、住房、交通、信息、餐饮、娱乐等方面的一般条件和消费水平。生活质量高对产品的品质要求也高，对价格稍不敏感，给改进型产品提供了更多的机会。

3. 技术因素

这里所指技术因素一方面要对企业现有的技术进行了解和定位，另一方面需要将目光投向全球，了解最新的关于科技及制造方面的信息。对于设计师需要重点了解技术发展的历程以及最新的科研成果，对新材料、新工艺及解决方案的革命性变化要熟知。

方法一：功能分析。分析产品（一系列过往产品）的功能技术结构的方法，帮助设计师分析产品的预设功能，并将功能和与之相关的各个零部件相联系，寻找新的技术实现方式。

方法二：产品生命周期分析。就某产品生命周期进行分析，评估产品在整个生命周期（生产、销售、使用、报废）内对能源、材料及其环境的负担进行分析。

方法三：CMF分析。大部分工程师认为CMF是连接ID与工厂的一个枢纽，因此设计师必须非常熟悉工厂、工艺、材料，善于进行各种资源的整合，兼具创新性与严谨性。设计师们的看法更倾向于CMF是ID的一部分，是ID分工的细化。CMF作为产品外观设计中的重要一环，主要以颜色、材料、工艺为主进行创新设计。结合上述两种观点，我们可以发现当代的CMF是设计细分行业，以美学为基础，创新为准则，通过设计将色彩、材料、工艺三者结合，赋予产品外观以新的品质。图1-6展示了CMF的技术基础和主要任务。

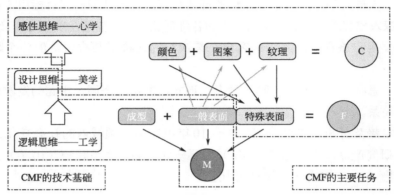

图1-6　CMF的技术基础和主要任务

案例分析

小牛智能电动两轮车的市场机会

我们以小牛智能电动两轮车为例，简要分析一下其如何获得智能电动车的新机会。在小牛电动车之前，电动车在中国已经遍布大江南北、城市乡村，电动车市场已经是竞争的红海。但是小牛推出的小牛N1（图1-7）却深受消费者喜爱，

图1-7　小牛N1

2015年6月京东众筹获得7200万元的支持。N1的设计和同系列车型相比，在视觉上非常干净、简洁、一体化，给人以唯一的、与众不同的感受。辨识度非常高，这个特征也会让消费者立刻辨识出来。

透过社会、经济以及技术因素分析，我们获得了如下重要信息，见图1-8。

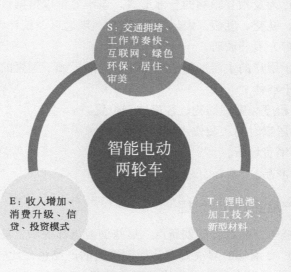

图1-8　智能电动两轮车的分析

第一，消费水平与人群定位。按照市场上电动车2500～3500元的售价区间来看，小牛N1瞄向了电动车的高端市场。小牛N1的首批用户画像也证实了这一点，其中64%的用户年龄在25～35岁，36～50岁的用户占到了21%，其中75%的用户月收入在5000元以上。

第二，技术层面解决了用户痛点。小牛N1找准了两个用户痛点，其一是电动车的安全性和续航能力，其二是身份认同。对于第一点，小牛为产品接入了更多的智能元素，比如集成GPS、远程监控、防盗等功能，并用锂电池替代铅酸电池。

第三，社会层面，交通拥堵与出行便利始终存在矛盾，电动车不失为一种好的方式。小牛电动车的用户有一个共同的名字叫牛油，其实就是在为用户划定一种社群属性。互联网经济的本质是一种人物经济，社交就是帮助用户找到彼此喜欢、价值观相同的人，产品是其中的一个媒介。

（二）从目标用户的生活形态研究中发掘

目标用户是市场细分的一个因素，考察他们的生活方式及价值观，即生活形态，可以进一步将目标用户进行分类，以便总结获取目标用户的典型特征，得到用户画像。用户画像根据用户相关信息抽象出的一个标签化的用户模型，可以理解为给用户贴标签，判定一个人是怎样的一个人。产品的机会就在满足这些"具体"的人的需求中产生。

考察的内容主要围绕目标用户的生活方式展开，即一个人所表现的活动、兴趣和看法的生活模式。它是影响消费者购买行为的重要因素，研究生活方式的目的是勾勒出一个人在社会上的行为及相互影响的全部形式。该研究可以根据目标用户的活动（包括工作、爱好、运动、社交、度假、娱乐等）、兴趣、观念以及统计学指标（年龄、性别、教育、收入、职业等）展开调研。

以下是一份关于用户的生活形态的考察清单，基于如下因素的调研，可以把目标用户进一步细分为若干群体：

① 职业、教育程度、家庭结构、住房地理位置。
② 在家活动、居家时间、装修水平、户型。
③ 购物场所、消费场所。
④ 消费的主要产品。

（三）从竞争产品的分析中发掘

每一件成功的竞争产品都有其创新点，这些创新点都揭示了某项产品机会。仔细研究这些创新点，通过寻求新的解决方案从而创造新的产品也是比较易行的方式。比如，2016年10月，小米公司发布了一款由当代著名的设计大师、民主设计和极简设计的倡导者菲利普·斯塔克设计的小米MIX全面屏概念手机（图1-9），摄像头位于手机右下角，屏幕的占比极大提高，开创了手机全面屏的先河。如今各手机厂商都用不同的方式推出自己的全面屏手机，比较常见的有刘海屏、挖孔屏、水滴屏、升降摄像头、滑动摄像头、屏下摄像头等用于解决前置摄像头的方案，新产品随之产生。

（四）从自我观察与思考中发掘

基于设计师平时的观察，发现身边的各种问题，将其转化为解决方案也是发掘新产品机会的有效方式。也可以通过对专业用户的访谈和观察中，了解他们对所从事行业的意见和建议中发掘新的产品机会。应用同理心，通过体验目标用户的生活和工作，理解他人的不易，进而产生新的创意点并提炼出产品机会。在为特殊人群开发产品中往往非常有效。

（五）从产品整合研究中发掘

对于产品设计创新，一般可以采取主题式的探究方法，通过发散思维寻找问题，集中思维分析问题，找到产品的新机会，从而

图1-9　小米MIX全面屏概念手机

确定设计创新的概念。以下就如何开展主题式探究列举一例，这也是充分体现了整合理念对工业设计的创新。

案例分析

主题：《不同环境场合中的椅子》

第一步，确定研究主题。

该主题框定的范围较广泛，"不同环境场合"强调了环境对"椅子"存在方式的影响，"椅子"的设计也因为使用环境的不同而改变其形态、材料和加工手段。《不同环境场合中的椅子》是一个以对现有椅子设计考察为主题的项目，使设计师思考设计与现实要求如何紧密结合，工程技术是如何满足这种要求的，同时启迪设计思维，获得较高质量的设计概念。

第二步，从主题分散到议题。

主题是统摄全局的主要研究任务和目标，而议题则是分解的研究子项目，它们围绕主题展开，从各个方向接近主题。随着子项目的逐一了解，最终将会形成对主题的全面而系统的认识。议题可以由参与项目的设计师通过调研、分析现有材料主动探寻，不应有限定。在所有人提出的议题中提取有价值的议题或议题线索，然后对所有提出的议题进行分类，确定研究的领域，并分小组进行单独研究深入。议题可以围绕主题，从不同的学科层面提出，也可以就事物的属性，如起源与发展、价值与功用、技术与美学等层面提出。

关于《不同环境场合中的椅子》可以提出以下议题：

1）坐与休息的关系？2）何时开始有椅子的？3）椅的尺度如何确定？4）办公室的椅子为何要有滚轮？5）有没有安静的滚动？它是如何实现的？6）升降机构怎样工作的？7）户外椅的常用材料是什么？8）铸铁为何被用作户外椅的材料？它的制作工艺怎样？9）按摩椅的原理是什么？10）哪些场合常用折叠椅？11）折叠机构的基本原理是什么？12）快餐椅的材料是什么？它的制作工艺怎样？13）绿色设计与椅子的关系？14）塑料椅为何很便宜？15）世界知名椅子设计有哪些？……

上述列出的议题中，其中问题1、4、10是关于椅子功能方面的探讨，问题2是关于椅子起源与发展方面的探讨，问题14是价值方面的探讨，问题3、5、6、9、11主要是针对椅子技术方面的探讨，问题7、8、12是关于材料及制造方面的探讨，问题13、15是对社会观念层面的探讨。通过这些议题的深入探讨，能够建立关于主题的全方位认识。

第三步，探究活动。

小组成员以各自议题为中心任务，进行深入研究。研究工作可以是市场调查、访问、观察、生产参观和实习、查阅资料、实验等，最后把所有的结果总结成通俗易懂的文字、图形或模型，以便展示其研究成果。总结很重要，它是研究工作从零散的资料上升到一定高度的结论，对后续交流、评价起重要作用。

第四步，综合展示和评价。

每个研究小组布置展览或总结成电子文件，通过多种形式展示其研究的成果。每个成员从不同的角度思考同一个问题，在探究过程中得到了发展，在相互交流中得到了启示，提高了发现问题和解决问题的能力。在众多研究成果中，人们的潜在需求被发掘，新产品的机遇被识别。

三、识别机会重要性的评价标准

在机会的筛选中，我们需要综合如下几个要素进行评定：
① 开发时间。
② 资金。
③ 好产品的可能性。
④ 市场规模。
⑤ 创造力。
⑥ 技术力。
⑦ 团队能力。
⑧ 需求的特点：是否为刚需，是否为用户痛点，是否经常需要。

第三节
工业设计在产品研发中的作用

一、工业设计介入产品研发的广度和深度

在产品研发的整个流程中，工业设计都可以发挥作用。但是也要根据不同的产品类型决定工业设计接入的深度和广度。产品可以分为技术先导型和设计先导型两种。

技术先导型产品的特征是产品的核心功能是竞争的关键因素，对其他厂商具有较高的技术壁垒，或者该类型产品的目标用户非常注重产品的性能，其他要素不是关键性要素。该产品的研发主体工作主要由工程技术人员负责，待产品的技术指标符合设计要求时，工业设计师再介入进行产品外观及用户交互设计。由此，工业设计在技术先导型产品研发中，一般不参与产品的前期工作，且要服从技术需要进行设计工作，有较多的限制条件。常见的这类产品有飞机、机械设备、大型医疗设备等。

设计先导型产品的外观及交互界面相对于技术先导型产品更能引起用户的关注，并因此而引发消费行为。这些产品一般技术比较成熟和普通，不能够在技术层面形成较高

的技术优势，因此产品的竞争主要围绕产品的美学感受及使用便利性和有效性。在这种类型的产品研发流程中，工业设计师在早期介入且发挥重要作用，从目标用户定位，需求发掘，设计概念的产生都可以协同其他部门，甚至是发表主导性的意见。在设计阶段，由于产品外观设计、人机交互设计方面也是主导性的，技术研发主要起到支持方案实现的作用，由此可见设计先导型产品的工业设计介入研发是最广泛且较深入的。常见的设计先导型产品有家具、家电、普通工具等。

二、产品系统的四个维度

在产品研发设计中，参与者根据产品开发的不同内容负责不同的工作。产品设计的大部分工作是根据设计概念构建一种技术系统，按照技术的难易程度，可以分为高技术含量与低技术含量开发。这里所指的低技术是指产品开发中所使用的解决方案是成熟的、风险较小的技术，或者对于企业来讲是可以外协的，不需要本企业负责的。高技术是指该解决方案是企业自主研发，采用了全新的、没有在以前的产品中使用过的技术，存在一定的难度和风险的技术。从产品呈现的硬件构成来看，一件产品又可以分为外部与内部，外部呈现的主要是视觉、触觉等可以直接感知的外壳与交互界面，内部往往需要拆开产品才能看到，由各种零件组成。产品的风格主要由产品的外部担当，产品的性能（功能）由内部零件决定。按照上述描述，一个产品的系统，可以分为外观件（外露的零部件）、交互系统（界面）、内部零部件（核心功能件＋外购件）。这几个部分按照技术高低和感知高低，可以用图1-10表示。

核心功能件的开发主要由研发工程师负责，技术含量高且隐藏在产品内部，这部分主要包含了产品的核心部件以及重要的结构。外购件一般是在产品内部的功能件，比如电机、电源、屏幕等，也包括各种紧固件，构成产品受力结构的主要型材等，这些一般也由研发工程师负责。外观件主要由工业设计师负责，需要确定产品的形态以及产品外观件的材料与表面工艺。交互系统可以理解为操作系统，随着产品智

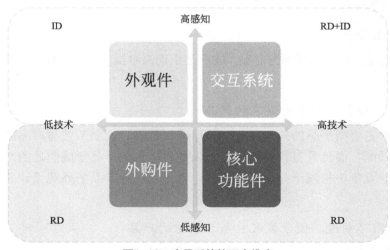

图1-10　产品系统的四个维度

能化，交互也从过去的各种按钮变为触摸屏幕、语音、手势等方式。交互的界面视觉部分往往由专业的美工负责，交互的逻辑一般由工业设计师与研发工程师共同负责，内部程序的设计由研发工程师负责，未来可能出现更专业的交互设计师来负责这部分的内容。

三、造型与技术的交融

造型与技术是产品作为技术系统的两个最基本的创新领域，前者负责人的感知，后者负责系统功能的实现。最理想的产品系统应该同时满足造型优美、技术先进。低技术的产品系统创新的目标应瞄准造型上的提升，高技术的产品如果在造型上进行仔细的设计，可以增强产品的高技术感。造型与技术也不是完全独立的，造型的美感需要先进的材料与工艺来作为保障，高技术也需要通过造型来提供舒适的操控。可以通过图1-11来描述两者之间的交融关系。

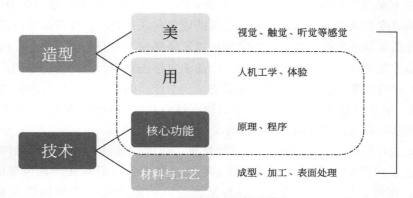

图1-11 造型与技术的交融关系

不管产品是技术先导型或者是设计先导型，工业设计是连接技术与用户的桥梁，在产品研发中主要做好以下三个方面的工作。

1. 设计出符合人们正确使用的产品

以人的尺度、认知习惯等为前提，在产品正确简单操作、安全保障方面提供专业的解决方案。

2. 设计出符合人们审美需求的产品

产品美学主要指产品的外观品质，其形态、色彩、表面工艺与产品的材料、结构和功能高度匹配，而且具有较高的视觉辨识度，与竞争产品形成明显的差异。因为外观品质在商业竞争中扮演十分重要的角色，有时候也把产品的外观设计狭义地理解为工业设计。

3. 设计出可制造、便于装配且易于维护的产品

可制造是产品的外观转化为零件时，所使用的材料及其成型工艺、表面工艺满足成

本可控和较高的质量。装配和维护与产品的功能设计和结构设计直接相关，高效的装配设计可以提高产品后期的功能输出，同时降低人工成本。产品维护包括维修和保养，是产品售后的重要内容，便利的维护可以降低产品故障率，提高产品的口碑，间接降低了成本。

第四节
面向可制造和装配的工业设计

大部分产品无论是为了美观还是安全的考虑，核心功能部件都被外壳包裹。狭义工业设计的目标任务是产品造型设计，产品的外观设计除了美学要求以外，外观件还需要可制造和装配。虽然现代制造业已经很发达，能不能制造应该不是主要问题，这里的可制造和装配主要考虑产品零部件制造成本低、不良率低，同时要具有相当高的合理性，以便减少由于结构等方面的不合理导致的设计方案修改次数，达到缩短研发时间的目的。因此工业设计师需要掌握本企业或委托企业生产制造条件，熟悉常用的材料以及成型、表面处理工艺，对新材料、新工艺也要保持一定的追踪。由于产品成本的控制，还需要了解材料与工艺的价格，以便选取合适的材料与加工方式，这个对于造型设计也是至关重要的。总之，可制造和装配的工业设计为产品的造型设计限定了外部条件，设计师需要在这个框架内发挥创造力。

一、可制造性与工业设计

1. 熟悉各种产品外观件常用材料的特性

目前常见的金属材料有铁、钢、铜、铝等及其合金，常见的非金属材料有塑料、木材、橡胶、织物、玻璃、陶瓷等。此外还需熟悉材料的成型工艺，如：模具成型、钣金工艺、机加工工艺，还有3D打印工艺等。对于外观品质起着重要作用的功能性、装饰性表面处理工艺近年来越来越受到重视，在家电、电脑、通讯、消费电子产品的外观设计中尤其重要。最后还需要合理利用材料的材形（线材、面材、块材）及不同材料的力学特性来寻求产品造型与可制造之间的平衡。

2. 熟悉常见产品的基本结构

工业设计师应深刻理解造型与常用结构的关系，简单产品设计一般由工业设计师独立完成，设计初期的形态即开始考虑日后结构设计的可行性，能够在诸多方式中做出最合适的组合。普通产品的结构，是指内部器件的固定、限位、连接和某些部件的功能实现（旋转、折叠、界面）方式等。还需要熟悉现有配件的规格，善于使用外购件，这样能有效提高概念设计的可靠性。

二、可装配性与工业设计

装配是指把产品的各个零件组装成产品，从而让产品具备设计的功能，并且能够被较好地使用。1977年，Geoff Boothroyd教授第一次提出了面向装配的设计（Design For Assembly，DFA）这一概念并被广泛接受，目前DFA已成为结构设计的一种重要设计准则。依据DFA准则，在产品外观设计之初就要考虑外观零件的可制造性和装配性，要确保产品外观件装配可靠、简洁。

符合装配设计要求的外观设计，需要考虑如下设计准则：

① 控制外观零件的品种。如果可以的话尽量做到统一规格并且可以互换，不区分安装方向。在保证制造及运输的前提下，可以考虑合并多个零件为一个零件。具有一定规模的企业还可以考虑模块化设计。

② 紧固件的类型尽量统一，且满足紧固要求前提下尽量减少数量。

③ 产品具有稳定的底座或内部支架，或者产品内部的零件能提供良好的连接处，供外壳等进行可靠装配。分析产品受力的位置，给这些部位进行足够强度的设计。

④ 为需要装配的零件提供限位，从而提高装配的效率和精确性；零件具有特定的方位，在设计时预留必要的孔或其他标识，安装时就容易对正。

⑤ 合理地选择装配顺序，零件间互不干涉。通过在设计软件中进行虚拟装配，或者制作产品原型后进行实际装配，找出产品的不合理设计。

⑥ 易装配、易拆卸、防止装配失误，非必要减少特殊安装工具的使用，降低人工装配的强度。

第五节
面向成本可控的工业设计

产品的成本是影响产品定价的重要指标，定价对市场竞争又有关键作用，在产品设计中基于成本的创新设计是每一个生产企业基本的需求。产品的价格是由企业的营销策略决定的，一般与企业的品牌及其市场策略有很大关系。一件产品投入目标市场，其售价是首先需要确定的重要指标，一旦确定售价，去除利润后，剩余部分就是产品的成本。为了企业长远发展的需要，单件产品的利润率也往往是需要保证的，因此，产品成本控制的越好，利润率就越高。

产品成本的构成有原材料、制造能耗、人工、设备折旧、厂房租金（建造投入）、管理、市场营销等，而产品的制造成本是产品成本的主要成本，包括使用的原材料规格、生产工艺、生产周期，这些因素是产品在设计之初就已决定的，因此，产品设计决定了产品的成本。控制产品的成本，就必须在产品设计时重点考虑原材料、结构设计、制造工艺与表面处理、装配设计等要素。工业设计师的主要工作是与结构工程师等配合，将产品定义转化为产品概念方案，这个过程就是概念设计。概念设计是成本控制的关键环节，设计师需要在充分理解产品功能的前提下，提出区别于其他竞争产品的新方案，对产品所使用的材料、结构、加工与表面工艺作出最优的选择。成本控制理想的方案应该满足以下几个条件：

① 功能实现可靠，结构稳定。

② 选材合理，制造工艺成熟。

③ 拆件数量少，装配简单，模具制造要求合理。

④ 外观质量在同类型产品中处于领先地位。

一、原材料的选择依据

材料选择对于成本控制尤为重要，选择好材料基本就确定了制造工艺及表面工艺，对于结构也有直接影响。可以遵循以下几个方面进行合理选材。

1. 根据产品行业的特点选择

我们在选材时，首先考虑产品属于哪个行业，业内一般选用哪些常用材料，了解知名品牌的产品有无选用特殊的材料。选材一般还与产品需要实现的功能有关。日常消费类电子产品，产品材料一般选用塑胶与金属材料，如PC、ABS、PC+ABS、不锈钢、铝合金等。

2. 根据产品的市场定位选择

定位高端的产品其材料往往需要体现其性能和质感，且会选用行业中最好的供应商提供的原料，有时候会突破以往产品对于材料的一般惯例选用全新的材料。iPhone 4是苹果历史上最成功的一款手机，它创造性地将玻璃与不锈钢材料引入手机设计，奠定了其在消费者心目中最完美的手机的地位（图1-12）。

定位中端的产品其材料在满足要求的前提下，关键零部件选用优质材料，其他零部件的材料满足性能要求即可。低端产品只需满足性能需要，材料的选择以尽可能低的成本为原则。

3. 根据产品的体量选择

产品的体量越大，其材料需要承受的外力和内力越大，材料相对越坚固，同时考虑到材料及成型工艺也要满足成本要求。比如一般家具选用木材，一方面是行业普遍做法，另一方面木材价格合理，加工技术成熟。大型机械的外壳一般选用钣金，兼顾了强度及制造成本，钣金的工艺相对简单，满足小批量生产的要求。

小体量的产品可以做到更灵活一些。比如桌面台灯，则可以选材的范围宽泛很多，设计时可以灵活选材，常见的塑料、金属、木材、玻璃等都能选用。

图1-12　iPhone 4

4. 根据企业现有产品的供应商选择

每个企业都有自己的供应商，包括材料供应商。一般在选材方面可以与供应商进行充分沟通，供应商往往对各品牌同类产品选材情况比较熟悉，包括新材料、新工艺。参加新材料新技术展会、关注原材料开发企业的研发现状将拓展设计师的眼光。对于新出现的液态金属、石墨烯、碳纤维、免喷涂等材料和解决方案在消费电子、汽车、家居、家电等众多领域的应用保持敏感。现在很多 App 提供这样的学习交流平台。

5. 突破常规但又符合功能实现的选择

喜欢创造全新的视觉感受，设计师们可能会选用一些并未在现有量产产品上使用的全新材质。不同于渲染效果图，新材料的使用不能仅仅停留在美观，更需要在成型工艺、表面工艺、成本控制方面取得成功。

二、选用合理的结构

这里所指的结构既包含功能实现的方式，也包括外观件的拆件及连接固定。产品结构设计需要遵循简洁至上的原则，尽量避免复杂结构带来的模具复杂、制造成本高昂且不利于装配。外观件的结构首先要拆解的数量越少越好，连接方式根据装配拆解需要采用螺丝、卡扣、胶水、焊接等方式。另一方面，合理结构的另一个原则是能够确保产品的可靠性，关键部分的结构一定要做好，不能偷工减料。

三、产品制造工艺与表面处理工艺

现代产品的制造工艺与表面处理工艺日益丰富，为产品的制造提供了不同的选择。不同的制造工艺往往对原材料、设备投入、生产周期的要求是不同的，越精密的工艺越能体现出优质的产品质量，其成本当然也就越高。设计师需要掌握不同制造工艺的流程、周期、效果及其大致的成本，在可控的范围内尽可能选择最优的制造方案。

第六节
面向易于维护的工业设计

产品维护分为两种情况：一种是指专业技术人员凭借专业知识和技能，使用专业工具对产品进行的保养或维修；另一种是使用者自己对产品进行简单的保养、检测和维修。但不管是哪种情况，都必须注意产品维护过程中的便利性。产品往往是多零件和部件组成的相对精密的系统，为了安全稳定地完成其使用功能，在生产制造过程中一般对其牢固程度都有一定的要求，而产品维护却恰恰相反，我们需要产品便于打开而利于检修和更换零部件，所以两者需要很好地协调。因此在保证产品牢固性、使用安全性的前提下，注重产品使用过程中的维护便利性设计相当重要。

一、促进产品维护便利性的设计策略

1. 免拆及自我维护

免拆装就对产品进行维护而言是一种理想的维护方式，一般根据经常维护的项目进行设计思路的改进。如油烟机清洁问题，一般油烟积聚在风机叶片及管路部分，通过加装过滤网罩，只需定期喷洒清洁剂，油烟机内部积油得到了显著改善。飞利浦一款男士剃须刀，清理方式仅需放在水龙头下冲洗，没有安全可靠的防水设计是不可能做到的，另外飞利浦剃须刀的刀头在高速旋转中，一方面切断胡茬，同时通过刀网研磨刀头，使得刀具达到自我维护的目的。产品免拆及自我维护需要设计师对产品易损项目进行创造性的思考方能提出解决方案。

2. 易拆结构设计

无需使用特制工具，甚至不用工具仅凭双手就容易拆解产品进行维护，需要设计过程中采用易拆结构。一种经常使用的方式是利用材料的弹性，用卡扣的方法对部件进行连接。还有其他的方式，如插拔、旋转、伸缩等都可以达到易拆解的目的。家用吸尘器的尘杯经常需要拿出清洁，因此其外壳就一般采用容易拆分的卡接方式。与此相似的还有空调器的空气滤网也需要经常清洁，在设计及制造过程中也一般采用卡接的外壳，便于掀起而抽出内部的滤网。在当前，家电的外壳大部分都使用工程塑料等材质，其材料本身具有良好的弹性和韧性，这样也使易拆机构较为容易实现。

3. 在设计过程中就注意维护时使用尽可能少的通用工具

通用即意味着容易获取，使得产品维护时可以减少因工具使用不当而造成的产品破坏。这同时也要求在产品设计时选用标准的连接件。如电扇是季节性很强的产品，其清洁必须拆分防护网罩，如果采用特殊的网罩连接件，必然给日后产品的维护带来麻烦。我们注意到近年来很多电扇的连接前后两片网罩用一圈塑胶围合，仅使用一颗螺钉紧固，使得拆分异常方便。

4. 把经常维护部位设计显眼且进行适当操作提示

经常维护的部位一般其位置比较利于取出和安装，可以通过色彩、图形和形态提示，表征其特殊的功用。为便于使用者正确操作，还可在其附近通过图形和文字进行引导，这种信息冗余的设计方法非常有必要。

5. 安全性的设计

产品维护往往涉及拆开机器，而某些产品本身其工作状态对人具有伤害性，如带电、高压、有毒、高速等，对于这类产品的维护设计，需要增加安全性设计的保障。必要的警戒色（如：在不被拆解的连接部位涂上红色的防拆漆）、防护网，或者使用特殊的连接件，没有专业工具无法拆解，从而达到相对安全的设计。

6. 采用模块设计理念进行产品设计

把产品的各个功能部分设计为独立模块，相互之间通过合理连接达到产品的功用。那些经常需要更换的部分单独作为一个模块，有利于产品的更新换代。如家用电脑的设计是典型的模块设计理念的应用。

二、产品维护便利性设计的注意事项

1. 要将产品维护便利性设计从产品概念设计初期导入

产品维护便利性设计是产品系统设计中的重要环节，产品维护便利性设计应该纳入整个产品开发流程，对维护便利性设计的突破，也是产品创新设计的源头。那种认为产品维护便利性只是简单的产品附属功能设计是狭隘的观点。

2. 要区分专业维护与个人维护之间的不同的需求

个人维护一般针对产品的表层功用，所以操作越简单越好。专业维护是对产品核心功能层面的维护，应避免普通使用者随意开启，可以考虑使用专业的工具才能打开维护。如果两者没有区分，可能造成产品的损坏或者人身伤害。

第二章

功能与形态整合创新
（以婴童产品为例）

第一节
婴童产品的功能与形态创新

近年来，随着物质经济条件的改善和"全面二孩"政策的放开，我国开始进入一个新的人口生育高峰期，"婴儿潮"再次到来。与此同时，人们对婴童产品的需求越来越大，对婴童产品的要求也越来越高。在此形势下，设计创新成为驱动婴童产业健康发展与转型升级的重要路径之一。针对婴童产品而言，工业设计创新主要包括功能创新与形态创新。

一、婴童产品的功能创新

功能是指事物或方法所发挥的有利作用或效能，也可理解为物品的使用价值或用途。要想做好设计，必须要抓住设计事物的本质，探索其用途，决定其用处。因而，婴童产品的功能创新，需要以"婴童"为本，结合其生理和心理特征，并充分挖掘婴童现有与潜在的需求，体现婴童产品的使用价值，实现陪伴、玩耍、益智等功能。在此基础上，还应充分考虑安全性，并通过婴童产品的3C认证，让婴童产品真正成为儿童的"成长玩伴"，陪伴儿童安全、健康、快乐成长。

二、婴童产品的形态创新

形态指事物存在的样貌，或在一定条件下的表现形式。形态，可以理解为物质、心理空间范畴的"形状"、感知时空相间的"态势"及认知，是人类造型的目的和依据。好的形态能给人们带来美的享受，创造或再现"美"的形态目前仍是现代工业设计师的职责之一。

婴童产品的形态创新不仅要考虑实际使用者（婴童）的喜好，也要兼顾实际购买者（家长）的审美。如何平衡好婴童的喜好与家长的审美，是婴童产品形态创新设计的重点与难点。

婴童产品形态创新设计的元素一般包括产品形状、色彩、表面处理工艺等。形状上，要好看耐看，转折处要实现圆滑过渡，不能出现棱角或尖角。色彩上，要求鲜艳明度高，让产品更加醒目悦目，最好能让家长与婴童均感到赏心悦目。表面处理工艺方面，做工要讲究精细，没有瑕疵毛刺。

简言之，婴童产品的功能与形态创新，应通过创新设计，有机整合其功能与形态，并将婴童产品实用的功能通过美好的形态传递出去。

第二节
遛娃神器创新设计

一、项目背景与产品分析

1. 项目背景分析

（1）项目时间：2019年5月13日至2019年7月12日。

（2）委托企业：宁波某儿童用品有限公司（以下简称甲方）。

（3）设计团队：李兵、吴海红、薛禹、王子涵、李添添、王莹洁、王莹、王珏等。

（4）适龄对象：9个月至36个月的婴幼儿。

（5）设计要求：多功能（最好一车多用），实用性强，性价比高。

2. 产品分析

遛娃神器是近几年在婴幼儿用品行业兴起的热卖产品，在2017年进入了发展的高峰期。与传统婴儿推车有所不同，遛娃神器定位为便携安全的婴幼儿承载工具，基本结构如图2-1所示。1为坐垫、2为前支架、3为后支架、4为推杆、5为过转轴、6为前轮组件、7为后轮组件与后车轮、8为轮架、9为刹车轨道、10为刹车固定架、11为连接件、12为锁止装置、13为脚踏板、14为手推扶手、15为一字型结构的扶手、16为卡接件。

目前，市场上"网红"遛娃神器较多，但宣传的功能远大于实际，品牌意识较低，三无产品和无序竞争的现象较为严重，仍处于盲目发展的阶段。

因而，遛娃神器创新设计，应以婴幼儿的需求为核心，并适当结合家长推车时的需求，要同时兼顾"轻便"和"稳固"两大要求。

二、方案草图

在明晰项目背景与产品基本结构的基础上，设计团队着手进行遛娃神器的方案设计。以手绘草图的方式呈现，如图2-2～图2-6所示。

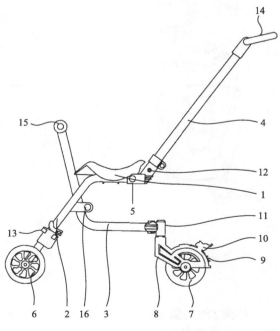

图2-1　遛娃神器基本结构

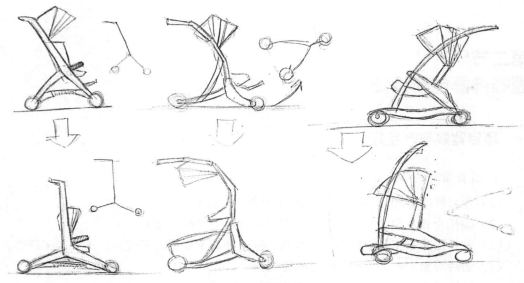

图2-2　手绘草图1

　　草图1的创新之处，在于拟通过结构的巧妙设计与变换，实现遛娃功能的创新，可坐（玩）可躺（睡）。

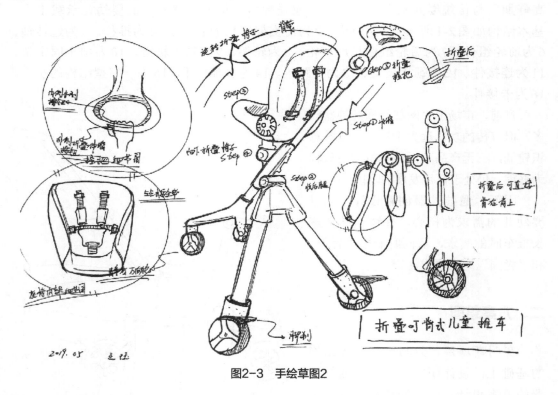

图2-3　手绘草图2

　　草图2的创新之处，是在靠背后增加了两条背带，车子折叠后可直接背在家长的肩膀上，便于携带。

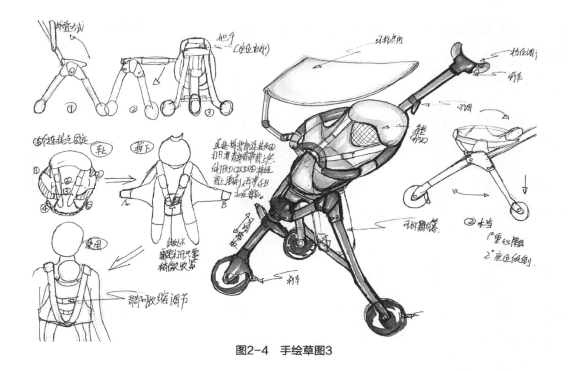

图2-4 手绘草图3

草图3的创新之处，是在座位上设计了一套可以拆卸的背带软包。婴童在车子上坐久坐累后，家长可直接解开背带软包，连同"婴童"一起背在身上。

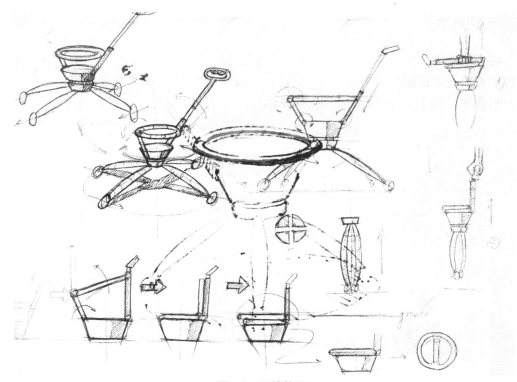

图2-5 手绘草图4

草图4的创新之处，在于折叠方式。车子开合方式，类似于花朵花瓣的盛开与合拢方式。

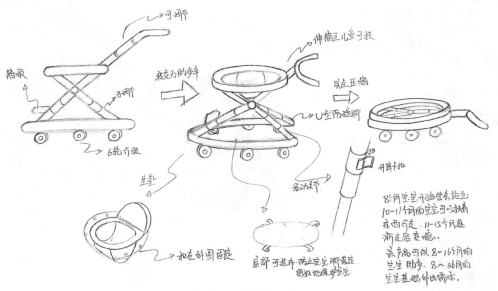

图2-6　手绘草图5

草图5的创新之处，在于将"遛娃"与"学步"功能结合到一起。车子高度调低后，可变换为学步车，助力婴幼儿学习走路。

三、一期方案

综合创新性与安全性等因素后，设计团队选择手绘草图4作为一期方案，进行深入设计，着手计算机建模渲染等工作。如图2-7～图2-10所示，为犀牛建模软件截图、俯视与折叠前后的效果图以及产品使用简要说明。

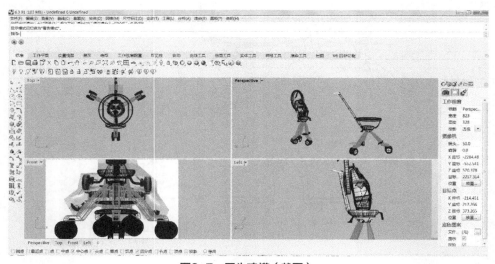

图2-7　犀牛建模（截图）

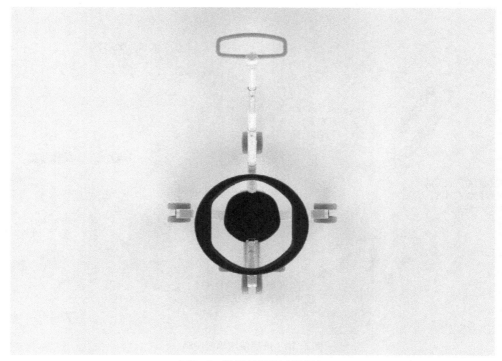

图2-8 渲染效果图（俯视）

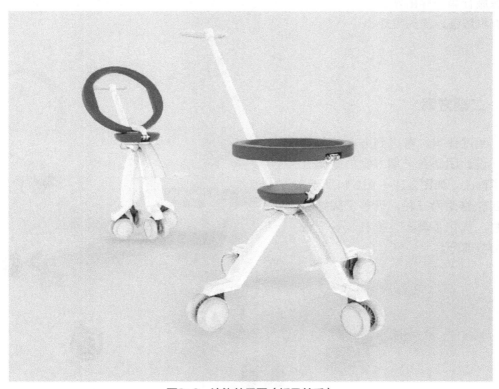

图2-9 渲染效果图（折叠前后）

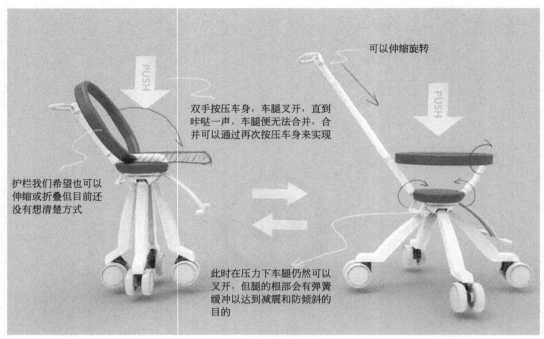

可以伸缩旋转

PUSH

双手按压车身，车腿叉开，直到咔哒一声，车腿便无法合并，合并可以通过再次按压车身来实现

PUSH

护栏我们希望也可以伸缩或折叠但目前还没有想清楚方式

此时在压力下车腿仍然可以叉开，但腿的根部会有弹簧缓冲以达到减震和防倾斜的目的

图2-10　产品使用简要说明

　　该方案的主要创新点是功能上采用类似花朵花瓣开合的折叠方式，折叠后，产品可以像旅行箱一样由家长推着走。轮子采用两轮"合并式"万向轮，更加稳固。形态上采用有机线条，简约美观。

四、二期方案

　　经过评审，考虑到方案的可行性，设计团队在一期方案的基础上做了修改。如图2-11～图2-14所示，将四轮修改为三轮，调整了脚踏和护栏，优化了刹车、推杆、安全带等细节部分。

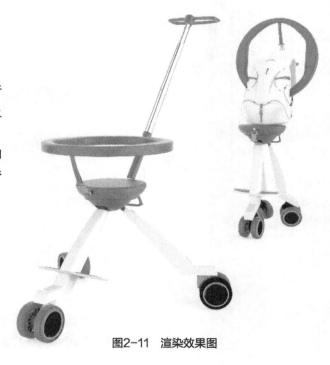

图2-11　渲染效果图

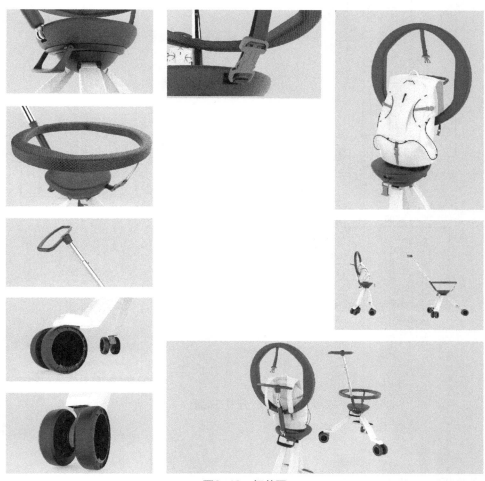

图2-12 细节图

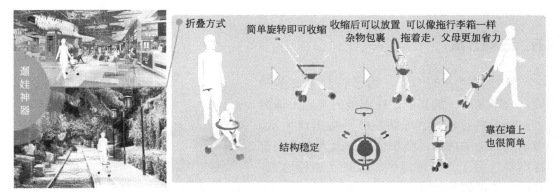

图2-13 使用场景与折叠方式示意图

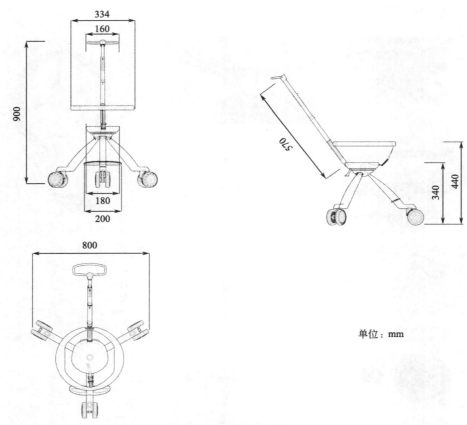

单位：mm

图2-14　尺寸三视图

　　经分析，二期方案还存在一定的问题，如方向不好调控、脚踏与整体造型不和谐、护栏部分折叠不方便、造型不美观等。

五、三期方案

　　经过与甲方的沟通，为了符合企业多功能（一车多用）的要求，在遛娃的基础上增加了三轮车骑行模式，如图2-15～图2-18所示。考虑到制造的成本，腿部由异形改为金属圆管标准件。为了提升舒适性，改进了座椅造型，并添加了可调节靠背和遮阳顶棚等。

图2-15　渲染效果图

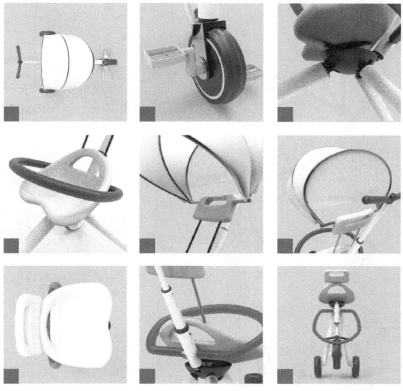

图2-16　细节图

要点：
1. 借鉴了现有的三轮车转化方式——将推杆拔出插进前腿的槽孔
2. 符合人体曲线的座椅和靠背提升了舒适度
3. 前轮离合装置改变踏板与轮子的连动性：三轮模式为异向踏板，遛娃模式为同向踏板作为脚踏

图2-17　不同角度的效果图及要点说明

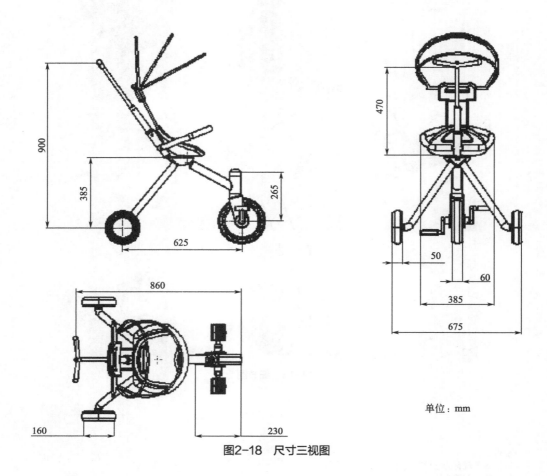

单位：mm

图2-18　尺寸三视图

　　经分析，三期方案还存在如下问题：颜色单调没有生气；刹车结构没有考虑；把手、腿部和座椅尺寸比例存在问题、脚踏收纳问题、安全性问题等。

六、四期方案

　　针对三期方案存在的问题以及甲方的评审意见，四期方案做了一定的修改。如图2-19～图2-22所示，做了一定的醒目色彩搭配；优化了刹车结构；在护栏与座椅处添加了安全带；依据人机工程学分析，调整了腿部、座椅和推杆的尺寸；增加了脚踏收纳的部件等。

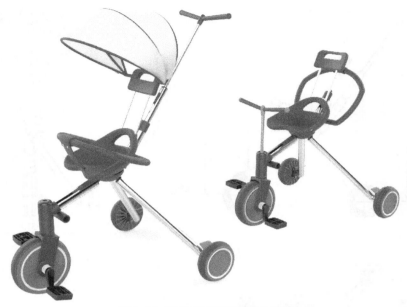

图2-19　遛娃与骑行模式的效果图

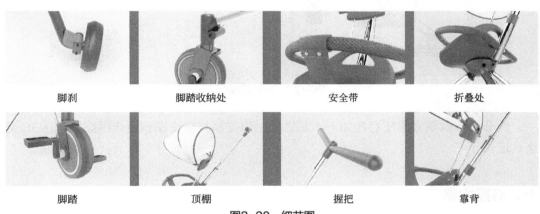

脚刹　　　　　脚踏收纳处　　　　　安全带　　　　　折叠处

脚踏　　　　　顶棚　　　　　握把　　　　　靠背

图2-20　细节图

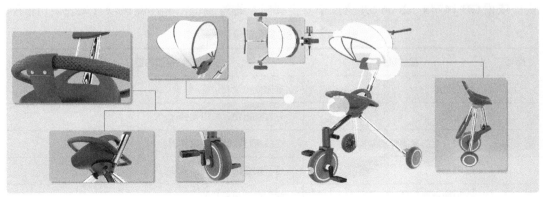

图2-21　效果图（含折叠）

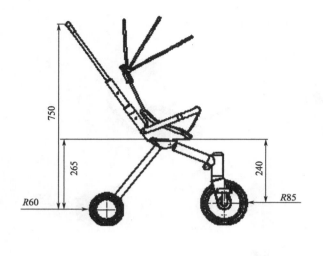
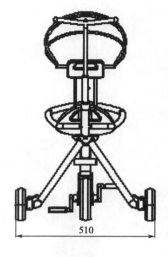

单位：mm

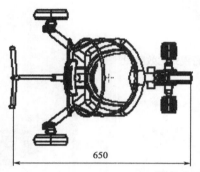

图2-22　尺寸三视图

经分析，四期方案还存在如下不足之处：遛娃模式缺少踏板，未考虑童车的3C安全认证。

七、五期方案

五期方案依据3C安全认证要求，对结构作了一定的修改与优化。儿童推车3C安全认证依据GB 14748—2006《儿童推车安全要求》进行测试，具体测试项目如表2-1所示。

表2-1　童车3C安全认证测试项目

序号	检验项目	检验内容
1	锐利边缘	有无危险锐利边缘
2	突出物	外露突出物、突出物禁区
3	有关安全的紧固件的紧固和强度	连接螺钉、锁紧装置紧固性
4	制动系统	是否按要求安装制动系统
5	闸把的位置	前、后闸把安装的正确性

続表

序号	检验项目	检验内容
6	闸把尺寸	
7	线闸部件	制动系统是否操纵灵活、无阻滞，并具有合适的紧固闸线的螺钉及闸线尾端保护套
8	车闸调整	
9	手闸（强度）	
10	脚闸（强度）	
11	手闸性能试验	
12	脚闸性能试验	
13	把横管	
14	把横管的管套	把套安装是否牢固、到位
15	把立管	把立管插入深度是否大于插入标记尺寸
16	车把部件扭矩、静负荷试验	
17	车架/前叉组合件	
18	（车轮）转动精度与间隙	
19	车轮夹持力	
20	脚蹬的脚踩面	符合标准要求
21	脚蹬间隙	
22	（鞍座）极限尺寸	
23	鞍管	鞍管插入深度是否大于插入标记尺寸
24	链罩	
25	（平衡轮）尺寸	
26	平衡轮负荷试验	
27	说明书	是否附有一套符合标准要求的说明书
28	标记	车体上是否附有符合标准要求的标记

修改后的方案如图2-23～图2-26所示。为了顺利通过3C安全认证，对靠背可调节高度范围进行了限定；在前轮处增加了用于遛娃模式的可拆卸辅助轮；为了便于折叠，在前腿处增加了可折叠脚踏；改善了细节，确定了遛娃与骑行模式的使用年龄段。

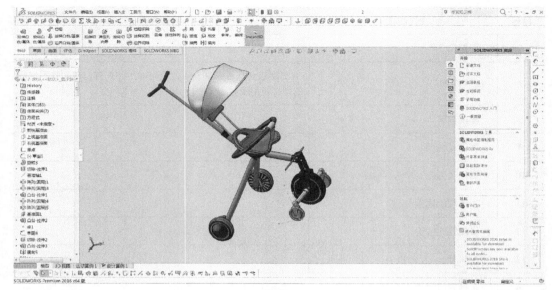

创新点：

1. 前轮处添加了可拆卸辅助轮
2. 前腿处添加了可折叠的脚踏
3. 改善了细节，确定了不同模式的使用年龄段

图2-23　结构修改（SolidWorks软件截图）及创新点总结

图2-24　渲染效果图

图2-25 细节图

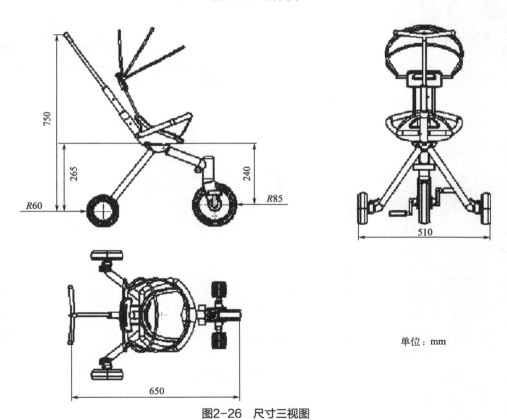

单位：mm

图2-26 尺寸三视图

八、手板制作与验证

　　手板的作用一般是验证产品美观度、性能、尺度、结构、功能稳定性，并可用于进行用户体验测评与反馈。手板通常分为外观手板与功能手板，外观手板用于展示产品美观度，功能手板用于验证产品功能结构是否实现、尺度是否合理。手板制作亦可提前用作市场验证，从而有效减少生产成本的投入。

　　依据五期方案的三维数字模型，设计团队使用硬纸板、泡沫板、一次性筷子、热熔胶等材料与工具，制作了1:1的功能手板，如图2-27、图2-28所示，来验证遛娃神器尺寸和结构的合理性。

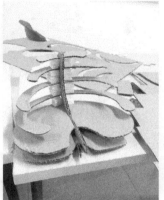

腿部折叠和连接部件

通过截面穿插来
塑造曲面造型是一大难点
（空间角度是另一大难点）

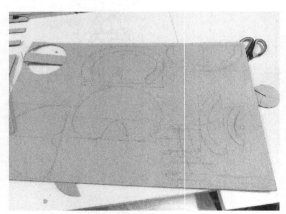

精准的数据绘制

严谨的纯手工打造

图2-27　手板制作过程记录

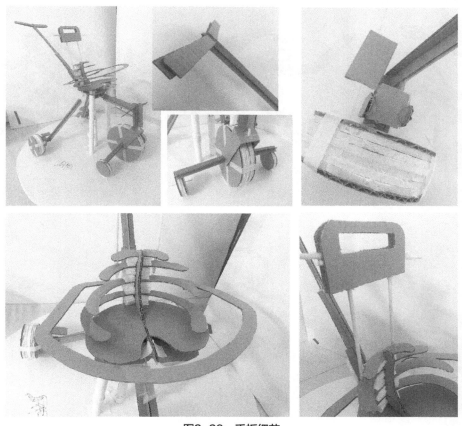

图2-28 手板细节

九、最终方案

　　依据甲方评审意见，并结合手板草模的验证，设计团队对遛娃神器的尺寸以及结构等又进行了一定的修改与设计。如图2-29～图2-35所示，为修改后最终方案的效果图、两种模式图、细节图、配色方案、CMF分析以及尺寸三视图等。

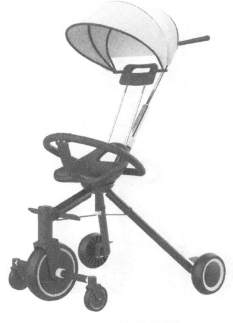

图2-29 最终方案效果图

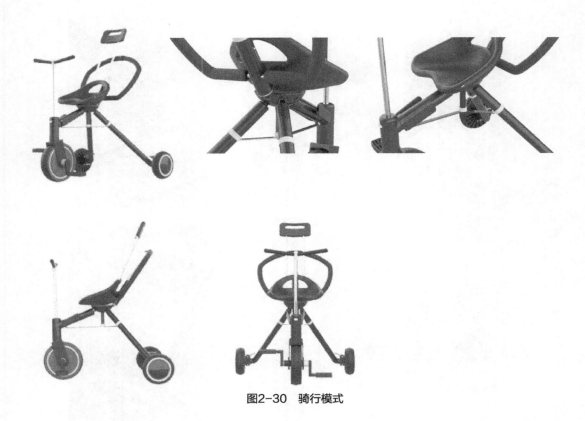

图2-30　骑行模式

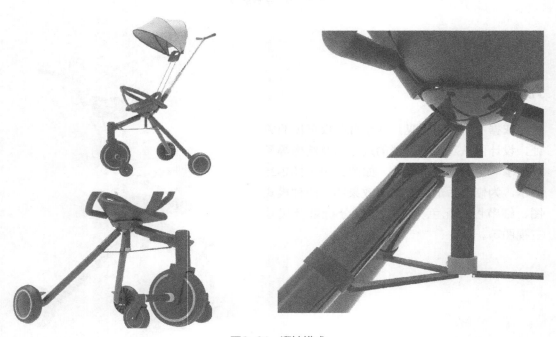

图2-31　遛娃模式

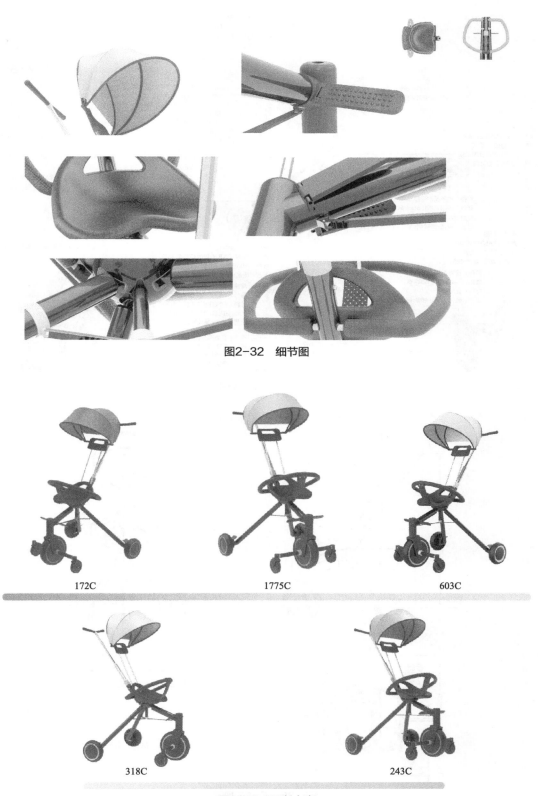

图2-32　细节图

172C　　　　1775C　　　　603C

318C　　　　243C

图2-33　配色方案

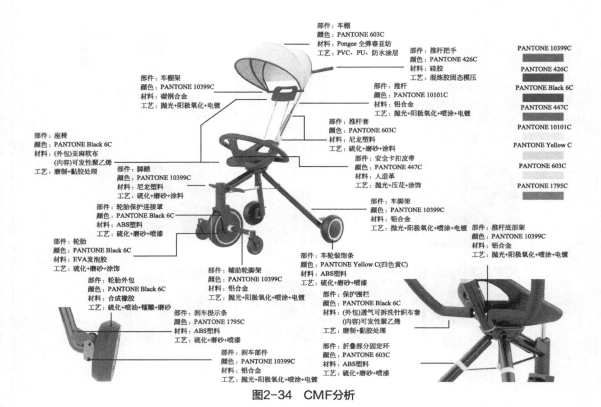

部件：车棚
颜色：PANTONE 603C
材料：Pongee 全弹春亚纺
工艺：PVC、PU、防水涂层

部件：推杆把手
颜色：PANTONE 426C
材料：硅胶
工艺：混炼胶固态模压

部件：车棚架
颜色：PANTONE 10399C
材料：碳钢合金
工艺：抛光+阳极氧化+电镀

部件：推杆
颜色：PANTONE 10101C
材料：铝合金
工艺：抛光+阳极氧化+喷涂+电镀

部件：推杆套
颜色：PANTONE 603C
材料：尼龙塑料
工艺：硫化+磨砂+涂料

部件：座椅
颜色：PANTONE Black 6C
材料：(外包)亚麻软布
(内容)可发性聚乙烯
工艺：磨制+黏胶处理

部件：脚踏
颜色：PANTONE 10399C
材料：尼龙塑料
工艺：硫化+磨砂+涂料

部件：安全卡扣皮带
颜色：PANTONE 447C
材料：人造革
工艺：抛光+压花+涂饰

部件：车脚架
颜色：PANTONE 10399C
材料：铝合金
工艺：抛光+阳极氧化+喷涂+电镀

部件：推杆底部架
颜色：PANTONE 10399C
材料：铝合金
工艺：抛光+阳极氧化+喷涂+电镀

部件：轮胎保护连接罩
颜色：PANTONE Black 6C
材料：ABS塑料
工艺：硫化+磨砂+喷漆

部件：轮胎
颜色：PANTONE Black 6C
材料：EVA发泡胶
工艺：硫化+磨砂+涂饰

部件：辅助轮脚架
颜色：PANTONE 10399C
材料：铝合金
工艺：抛光+阳极氧化+喷涂+电镀

部件：车轮装饰条
颜色：PANTONE Yellow C(四色黄C)
材料：ABS塑料
工艺：硫化+磨砂+喷漆

部件：保护围栏
颜色：PANTONE Black 6C
材料：(外包)透气可拆洗针织布套
(内容)可发性聚乙烯
工艺：磨制+黏胶处理

部件：轮胎外包
颜色：PANTONE Black 6C
材料：合成橡胶
工艺：硫化+喷油+镭雕+磨砂

部件：刹车提示条
颜色：PANTONE 1795C
材料：ABS塑料
工艺：硫化+磨砂+喷漆

部件：刹车部件
颜色：PANTONE 10399C
材料：铝合金
工艺：抛光+阳极氧化+喷涂+电镀

部件：折叠部分固定环
颜色：PANTONE 603C
材料：ABS塑料
工艺：硫化+磨砂+喷漆

PANTONE 10399C
PANTONE 426C
PANTONE Black 6C
PANTONE 447C
PANTONE 10101C
PANTONE Yellow C
PANTONE 603C
PANTONE 1795C

图2-34　CMF分析

700
265
94
R63
605
35
17

40
206
348
509

单位：mm

图2-35　尺寸三视图

一言以蔽之，该类产品的创新设计，不仅要考虑婴童的"坐"与"骑"，还应考虑家长的"推"与"拿"，才能将"遛娃神器"的功能与形态合二为一。

第三节
儿童滑板车创新设计

儿童滑板车属于童车，由原专业型滑板车改进而来，适合3～6岁的儿童玩耍，是当下一种时尚的运动休闲工具，深受广大儿童的喜爱。实践证明，儿童常骑滑板车，可锻炼身体的灵活性，提高反应速度，增加运动量，加强机体抵抗能力。

一、项目背景

（1）项目时间：2019年5月13日至2019年7月12日。
（2）委托企业：宁波某儿童用品有限公司（以下简称甲方）。
（3）设计团队：吴海红、李兵、闫思远、林心茹、苏旻娜、王阳、万君、段艳汝等。
（4）适龄对象：3岁至6岁的儿童。
（5）设计要求：简单便携，多功能，实用性强，性价比高。

二、方案草图

在明晰项目背景与设计要求的基础上，设计团队着手进行儿童滑板车的方案设计。以手绘草图的方式呈现，如图2-36～图2-40所示。

图2-36　手绘草图1

草图1的创新之处，在于拟通过滑板长度的可调节（加长），实现"双人"同时滑的功能。同时，在前杆上设置可伸缩收口袋，实现一定的"储物"功能。

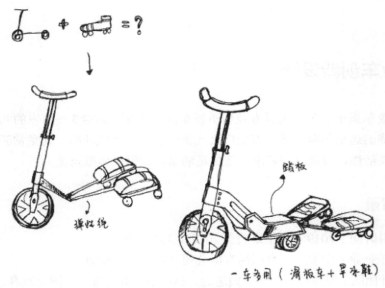

图2-37　手绘草图2

　　草图2的创新之处，是把踏板长度变短，在尾部通过弹性材料连接一双旱冰鞋，拟将滑板与溜冰的功能相结合，实现可滑可溜的目的。

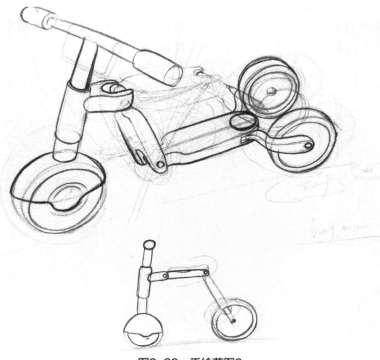

图2-38　手绘草图3

草图3则为了实现可滑可骑的功能，采用创新的变换方式，从滑行模式变为骑行模式时，通过向上"提拉"的方式将座椅拉起，从而作为骑行模式使用。

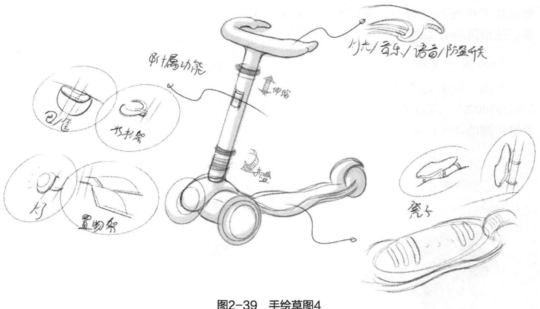

图2-39　手绘草图4

草图4拟从技术角度对儿童滑板车进行创新设计，增加了灯光、音乐、语音以及防盗等功能。

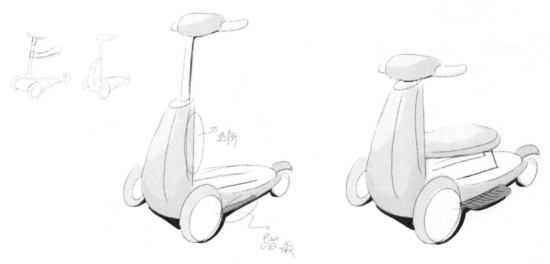

图2-40　手绘草图5

草图5从形态与功能两个角度对滑板车进行创新设计。形态上，憨厚可爱，并与市面现有产品差异化；功能上，增加一定的储物功能，并实现可滑可坐，儿童玩累后，可拉出坐凳，坐在上面休息。

三、一期方案

经评审，设计团队从手绘草图方案中，分别选择了草图2、草图3、草图5进行深入设计，着手建模渲染等工作，产生了三个方案。

1. 方案一：滑溜组合

方案一取名为滑溜组合（专利号：ZL 2019 3 0425340.2），由草图2演变而来，目的是实现可滑可溜的功能，如图2-41～图2-43所示。

图2-41　滑溜组合渲染效果图

图2-42　滑溜组合收纳效果图

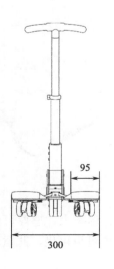
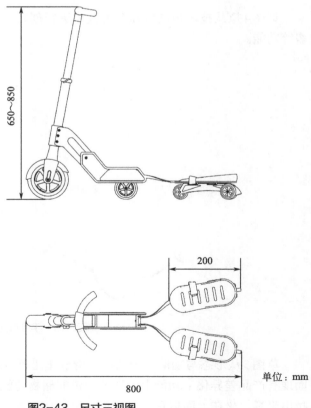

单位：mm

图2-43　尺寸三视图

2. 方案二：滑骑组合

方案二取名为滑骑组合，由草图3演变而来，目的是实现可滑可骑的功能，如图2-44～图2-48所示。秉持简洁、便携、安全的设计原则，与现有儿童滑板车不同之处是采用创新的菱形变换机构，用"提压"代替市面上常见的"翻转"变换方式，更加方便。从滑行模式变为骑行模式时，通过向上提拉的方式将座椅拉起，从而作为骑行模式使用。后轮采用一轮变两轮的方式，通过旋转拆分将一轮变为两轮，同时运用U型金属插销固定，以提升安全系数。

图2-44 滑行效果图

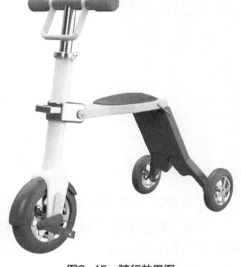

图2-45 骑行效果图

图2-46 滑行示意图

图2-47 骑行示意图

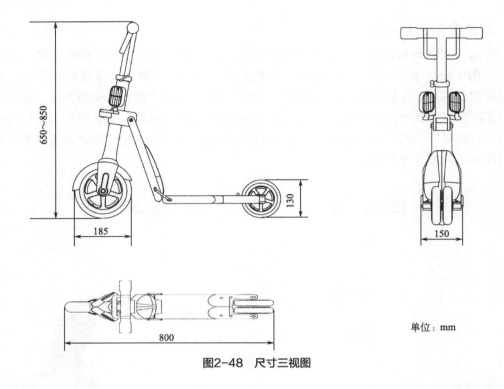

650~850

185

130

150

800

单位：mm

图2-48　尺寸三视图

3. 方案三：滑坐组合

方案三取名为滑坐组合，由草图5演变而来，目的是实现可滑可坐的功能，如图2-49～图2-53所示。

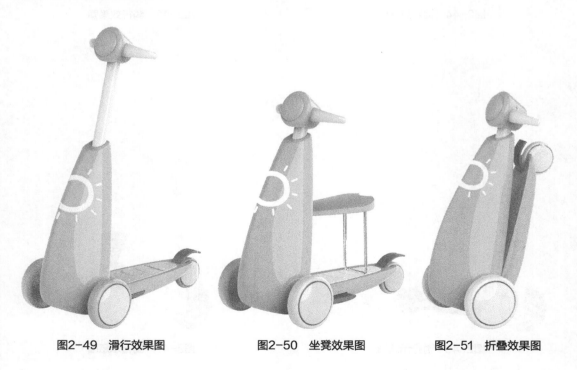

图2-49　滑行效果图　　　　　图2-50　坐凳效果图　　　　　图2-51　折叠效果图

图2-52 使用情景示意图

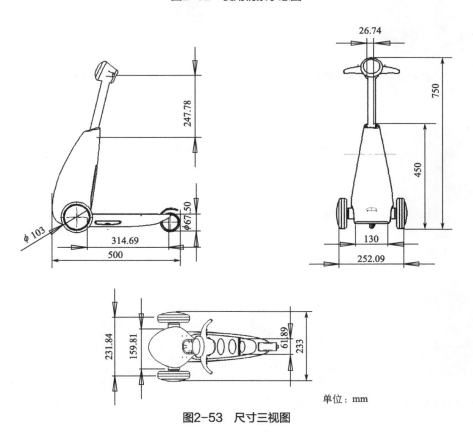

单位：mm

图2-53 尺寸三视图

四、二期方案

经评审，甲方从三个方案中选择了方案三（滑坐组合）作为二期方案，并提出了进一步的修改建议。据此，设计团队对方案三做了如下修改，如图2-54～图2-58所示。赋予前置圆形车头一定的功能，将其改造为滑板车的喇叭（类似于自行车的铃铛），以便在安全性的基础上增强滑行过程中的趣味性；将坐凳高度进行可调节设计，增加了一个调节档位；改进后端刹车盖的造型；调整轮子结构与车体尺寸。

图2-54　坐凳高度调节一档　　　　　　图2-55　坐凳高度调节二档

防滑设计　　　　　　　喇叭设计(下摁发声)

可爱小太阳图案设计　　　　刹车设计　　　　　　高度可调节座椅

图2-56　细节图

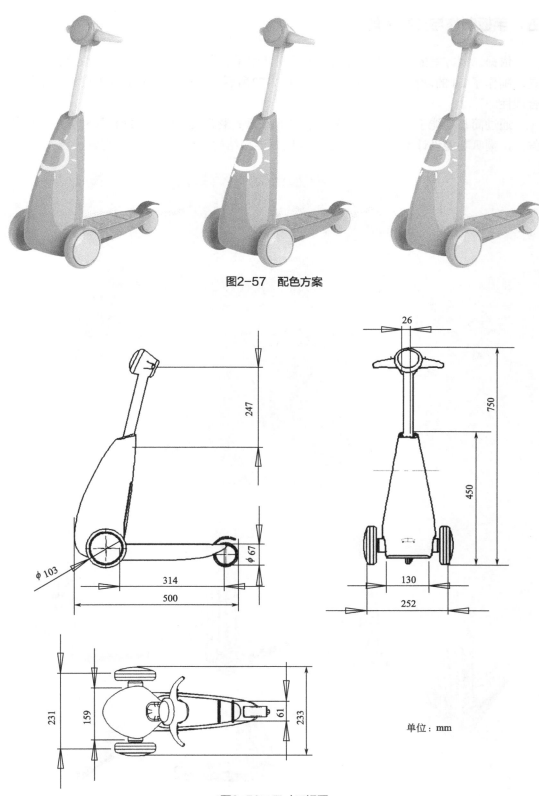

图2-57 配色方案

26

750

450

247

φ 103

φ 67

314

500

130

252

231 159

61 233

单位：mm

图2-58 尺寸三视图

五、手板制作与实物拆解

依据二期方案的三维数字模型，设计团队使用硬纸板、泡沫板、热熔胶等材料与工具，制作了1:1的功能手板，如图2-59、图2-60所示，来验证儿童滑板车尺寸和结构的合理性。

通过简易功能手板的验证，发现了如下问题：坐凳尺寸偏小，踏板尺寸偏短，杆长偏短，喇叭功能设计不合理，"肚子"与底板连接结构、后轮结构不合理等。

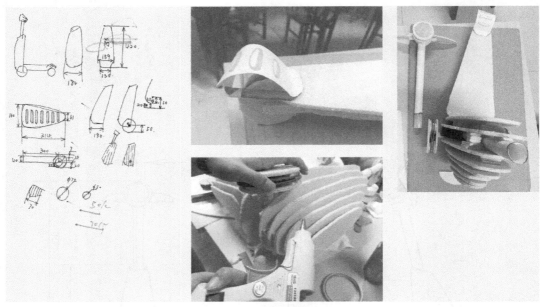

图2-59　手板制作过程

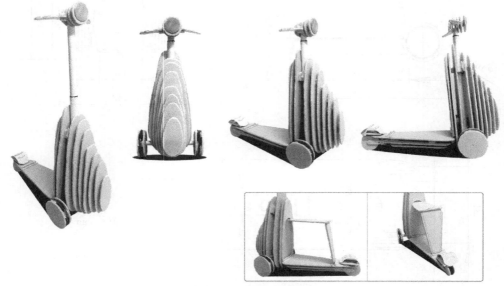

图2-60　简易功能手板

为了进一步明晰滑板车的结构和尺寸，设计团队选择拆卸实物并对其结构与原理进行深入研究，如图2-61所示。

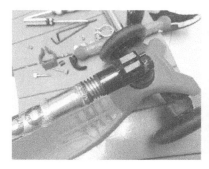

图2-61　实物拆卸过程

六、最终方案

依据手板模型验证与实物拆卸研究，并结合甲方评审意见，设计团队对儿童滑板车尺寸与结构进行了优化与完善。如增大坐凳与踏板尺寸、增长杆子长度；重新设计了折叠处重力转向结构，让折叠功能更合理；增加了坐凳折叠处结构设计；增加了杆子伸缩结构设计；重新设计了踏板结构等。如图2-62～图2-69所示，分别为完善后最终方案的效果图、重力转向机构、坐凳高度调节结构、细节图、配色方案、使用情境示意图、材料与色彩分析、外观基本尺寸三视图。

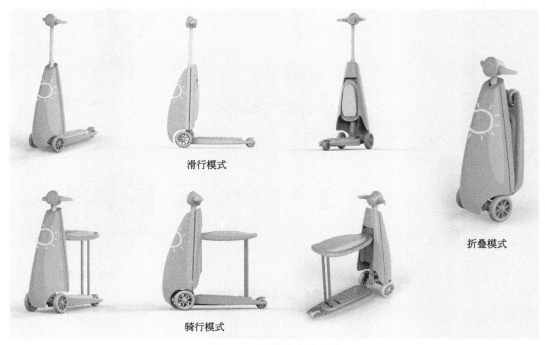

滑行模式

折叠模式

骑行模式

图2-62　最终方案效果图

图2-63　重力转向机构

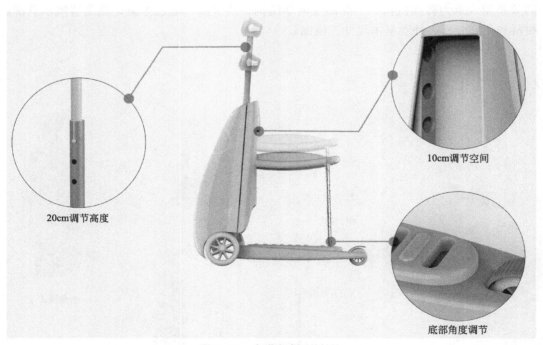

20cm调节高度

10cm调节空间

底部角度调节

图2-64　坐凳高度调节结构

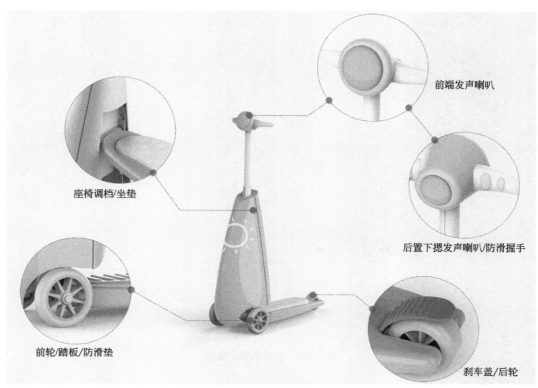

图2-65　细节图

图2-66　配色方案

图2-67　使用情境示意图

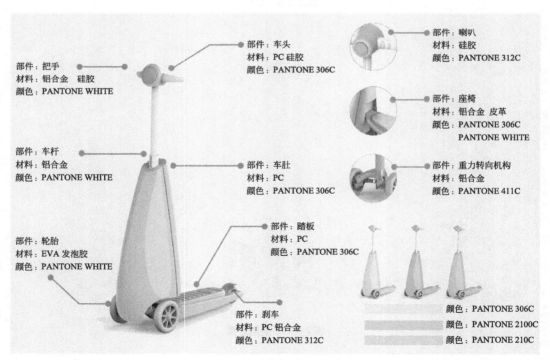

部件：把手
材料：铝合金　硅胶
颜色：PANTONE WHITE

部件：车头
材料：PC 硅胶
颜色：PANTONE 306C

部件：喇叭
材料：硅胶
颜色：PANTONE 312C

部件：座椅
材料：铝合金　皮革
颜色：PANTONE 306C
　　　PANTONE WHITE

部件：车杆
材料：铝合金
颜色：PANTONE WHITE

部件：车肚
材料：PC
颜色：PANTONE 306C

部件：重力转向机构
材料：铝合金
颜色：PANTONE 411C

部件：轮胎
材料：EVA 发泡胶
颜色：PANTONE WHITE

部件：踏板
材料：PC
颜色：PANTONE 306C

部件：刹车
材料：PC 铝合金
颜色：PANTONE 312C

颜色：PANTONE 306C
颜色：PANTONE 2100C
颜色：PANTONE 210C

图2-68　材料与色彩分析

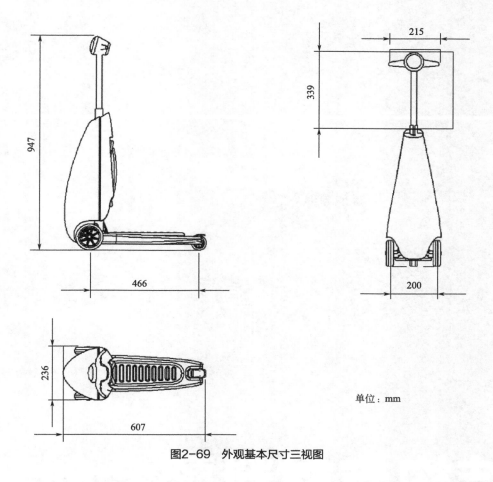

单位：mm

图2-69 外观基本尺寸三视图

　　简言之，儿童滑板车的创新设计，只有在满足安全性并通过3C认证的基础上，以"儿童"为中心，充分考虑其生理与心理特征以及玩耍天性，才能设计出儿童真正喜爱的多功能滑板车。

第三章

结构与材料整合创新
（以练琴助手为例）

第一节
练琴助手的结构与材料创新

目前，针对钢琴学习与教育领域而言，"拥有一台钢琴（电钢）"已经不是大多数家庭的头等难题，"如何让孩子学得更好"才是家长心中的重中之重！

为此，"练琴助手"应运而生。该产品融合了练习纠错、教学辅导、互动分享等功能，能有效激发孩子学琴兴趣，真正实现快乐练琴、随时纠错，其使用情境如图3-1所示。作为钢琴初学者的练琴助手，其一定程度上改变了以往的钢琴学习模式，为枯燥反复的练琴增添了乐趣，旨在让更多钢琴学习者体会到学琴的快乐、艺术的美好并获得更好的用户体验。

图3-1　练琴助手使用情境

针对练琴助手而言，工业设计创新，除了技术创新外，更多的则体现在结构创新与材料创新上。

一、练琴助手的结构创新

结构是指组成产品整体的各部分的搭配和安排。钢琴练琴助手一般由上方金属盖板、内部印刷电路板（以下简称PCB板）、下方ABS塑料底座、纠错指示灯、蓝牙模块、充电器、电源线等各部分组成。

因而，练琴助手的结构创新一般是建立在其内部PCB板技术创新的基础上。只有当其内部PCB板可以分开设计并通过探针磁吸连接后，才给模块化的结构创新设计提供了可行路径。

二、练琴助手的材料创新

材料是人类赖以生存与发展的物质基础，一般是指用于制造物品、器件、构件、机器或其他产品的自然与人造物质。

就练琴助手而言，其材料创新通常建立在结构创新与形态创新的基础上。原本细长的形态，为了提高强度且不易被折断，练琴助手上方盖板只能采用不锈钢金属材料。只有通过结构创新实现分段模块化设计方案后，其盖板材料才可由不锈钢金属替换为PC塑料，否则强度很难保证。同时，材料创新一般会带来其成型工艺与表面处理工艺的创新。当上方盖板采用PC塑料后，其成型工艺可采用挤出成型，其表面处理工艺则可选择电镀或真空镀，做出半透光的效果；当下方底座材料由ABS塑料转为锌合金后，则可采用压力铸造成型，表面进行抛光或拉丝处理。

第二节
练琴助手创新设计

一、项目背景与样品研究

1. 项目背景分析

（1）项目时间：2017年12月15日至2018年5月18日。

（2）委托企业：扬州某制作研究院有限公司（以下简称甲方）。

（3）设计团队：李兵、林思思、储君磊、谢赫（企业代表）、李晖（技术代表）。

（4）设计需求

① 体积尽可能小，适配88键钢琴且不影响演奏和钢琴琴盖合盖等（一是不影响琴盖闭合，二是尽可能不影响手弹奏的空间）。

② 能在各种光线环境下正常工作，识别速率快，正确率高，无延迟。

③ 可充电设备、可适配器（双模式）。

④ 外包装防撞、易携带。

⑤ 材质使用有分量感，大气稳重，轻便、坚韧、美观。

（5）目标用户

① 琴童或钢琴爱好者

需求：a. 有趣；b. 有用（练习纠错、教学辅导）。

② 琴童家长

需求：a. 能提高孩子学琴兴趣；b. 能解放家长陪练时间；c. 能提供纠错、辅导功能；d. 能提供监督功能（练习反馈）。

③ 钢琴教育机构/钢琴老师

需求：a. 能满足用户的需求；b. 能提供课堂测试、课后辅导、作业布置等教辅功能；c.利益相关需求。

2. 样品研究

为了更好认知产品，甲方提供了一件练琴助手样品。设计团队对该样品进行了拆解研究。样品包括不锈钢盖板、PCB板（含纠错指示灯）、ABS底座、电源适配器、USB接口电源线等，如图3-2所示。

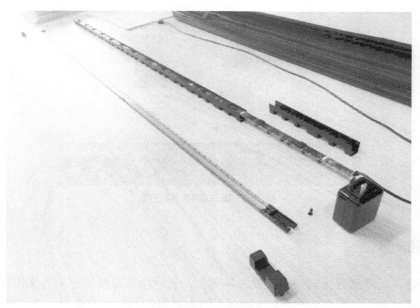

图3-2　练琴助手样品拆解

通过对样品的观摩，知晓下方ABS塑料底座凹凸结构是为了配合钢琴黑白键高度差而设计。面板之所以采用不锈钢金属，主要是为了增加细长型产品的强度，保证不容易被折断。拆开之后，发现其内部PCB板是由多个分段的标准PCB板通过4根金属探针连接与固定而成，如图3-3所示。

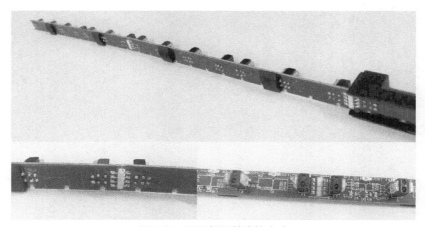

图3-3　PCB板间的连接方式

此外，通过对样品的试用与研究，设计团队获知与理解了黑白键的纠错原理。黑键的纠错原理为红外线阻断原理，白键的纠错原理为光程反射原理，如图3-4所示。当黑键被按下后，原来阻断的红外线击穿，信号被识别，面板上的指示灯亮起；当白键被按下后，光的反射距离发生改变，信号被识别，面板上的指示灯亦会亮起。

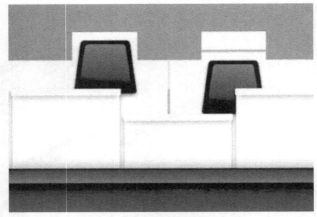

图3-4　黑白键的纠错原理

二、一期草图

在综合项目背景分析与样品研究的基础上，设计团队开展第一轮方案设计，以手绘草图的方式呈现。如图3-5～图3-12所示，重点对原产品的外观进行改良设计。

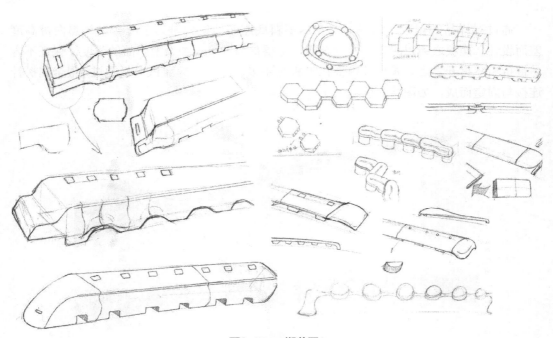

图3-5　一期草图1

草图1主要针对练琴助手两端的形态进行了一定的设计与改进，同时对可能的连接方式也进行了大胆的构思。

图3-6　一期草图2

　　草图2重点对练琴助手的纠错提醒方式与显示界面开展设计，并对产品的整体形态进行了一定的优化。

图3-7　一期草图3

草图3继续对练琴助手端部形态进行设计与优化，并尝试不同端部形态对产品整体形象与风格的影响。

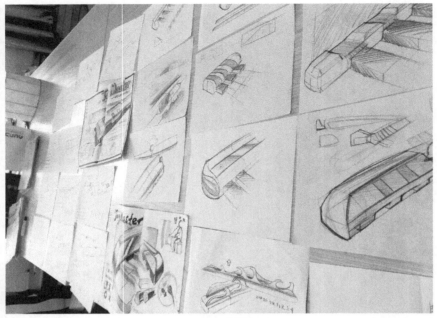

图3-8　一期草图4

草图4拟结合钢琴黑白键的自身凹凸不平结构，对练琴助手的外观进行相应的设计与改进，并尝试去考虑不同的异形外观形态。

图3-9　一期草图5

草图5将练琴助手面板上的纠错显示"圆孔"设计为方形，增大显示面积，并尝试去考虑不同的收纳方式。

图3-10　一期草图6

草图6拟重新设计练琴助手的整体风格与形象，让其形象与钢琴自身形态契合，并融为一体。

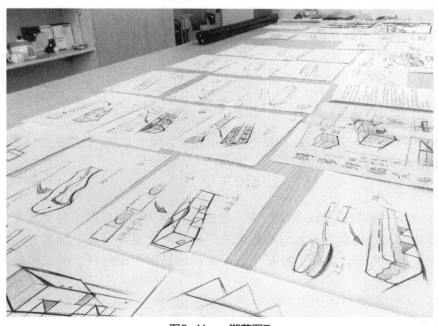

图3-11　一期草图7

草图7考虑对面板与底座进行分体式设计，并尝试设计整体的曲线异形外观，以改变原产品冷冰冰的外观。

图3-12　一期草图8

草图8依然是对练琴助手端部形态的设计与优化，并尝试考虑其外包装的设计方案。

三、设计初稿

经综合评审，设计团队从一期草图方案中选定了两个方案，分别进行深入设计，着手建模渲染排版等工作。

1. 方案一

方案一由一期草图1和8演变而来，改变了产品的外观以及一些交互方式。在造型上形似动车，流线型的形态与顺畅优美的音符配合更具美感。细节上，纠错指示灯的设计采用了方形，增加了显示面积，让纠错提醒更加醒目。其三维数字模型如图3-13所示。

方案一的渲染效果图如图3-14～图3-16所示，风格上与钢琴黑白键效果相契合，并融为一体。

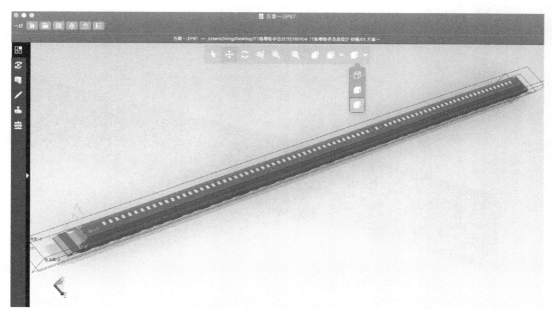

图3-13　方案一的三维数字模型

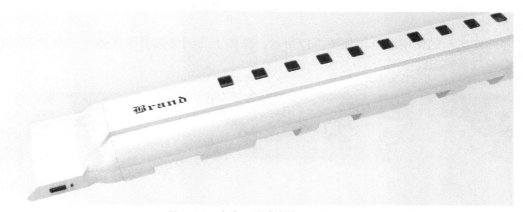

图3-14　方案一的渲染效果图1

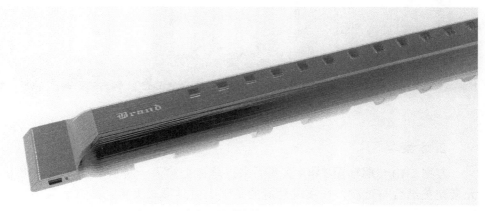

图3-15　方案一的渲染效果图2

图3-16　方案一的渲染效果图3

　　方案一的使用场景图如图3-17所示，总体上与钢琴弹奏场景融为一体，且基本不影响双手弹奏的空间。

图3-17　方案一的使用场景图

2. 方案二

　　方案二由一期草图3和4演变而来，总体上给人一种圆润的感觉，将方与圆两个元素完美结合与过渡，在实现功能的基础上更具形式美感。其三维数字模型如图3-18所示。

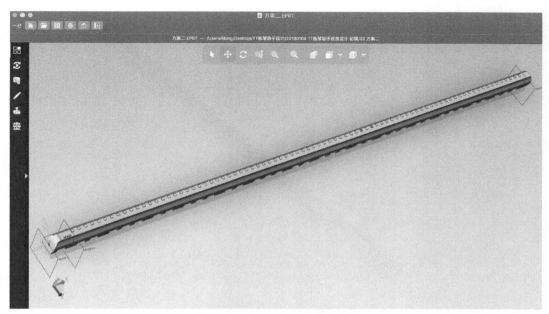

图3-18　方案二的三维数字模型

　　方案二的渲染效果图如图3-19～图3-21所示，重点凸显盖板上不同的表面处理工艺效果。

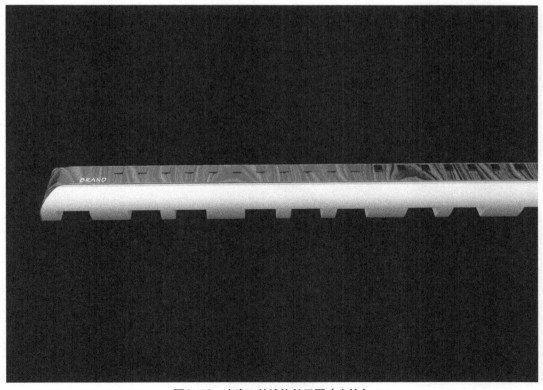

图3-19　方案二的渲染效果图（木纹）

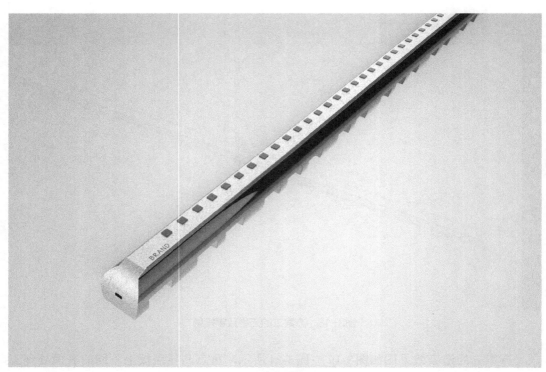

图3-20　方案二的渲染效果图（冰裂纹）

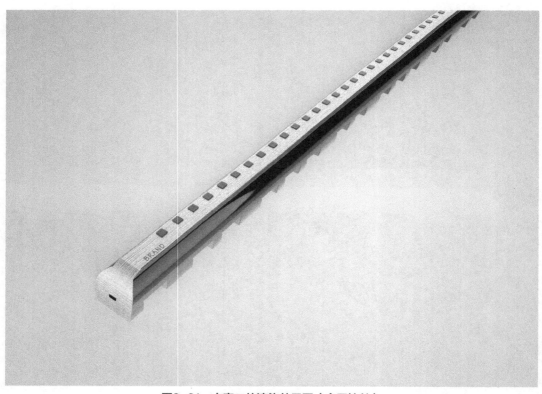

图3-21　方案二的渲染效果图（金属拉丝）

方案二的使用场景图如图3-22所示，基本上与钢琴弹奏场景融为一体，不影响琴盖闭合，也不影响双手弹奏的空间。

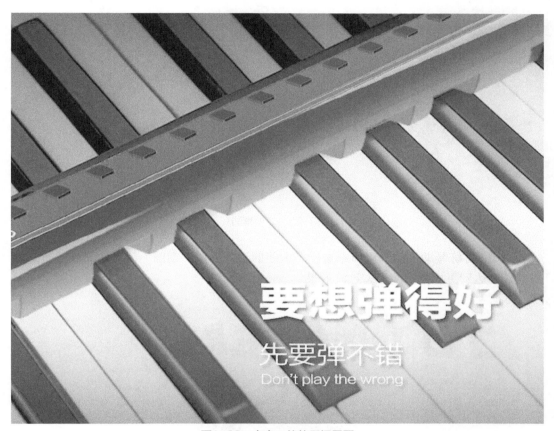

图3-22　方案二的使用场景图

四、二期草图

经第一轮评审，甲方认为方案二比方案一优秀，但总体上仍不是很满意，觉得创新不够，希望继续构思、大胆创意。于是设计团队又开始了第二期的方案设计工作，继续以手绘草图的方式呈现。

二期草图如图3-23～图3-26所示，对原产品的外观开展大胆设计，在结构上也有所突破。

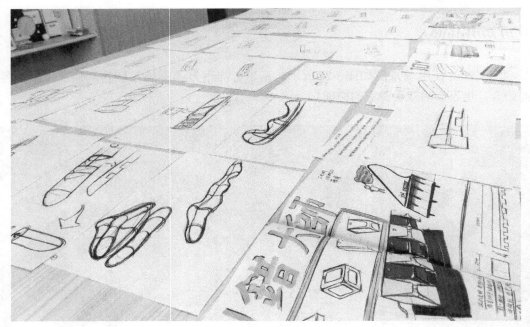

图3-23 二期草图1

　　草图1对练琴助手的外观形态进行了大胆的设计，以"椭圆"为基本元素进行递进与变异，达到更加圆润的形态过渡效果。

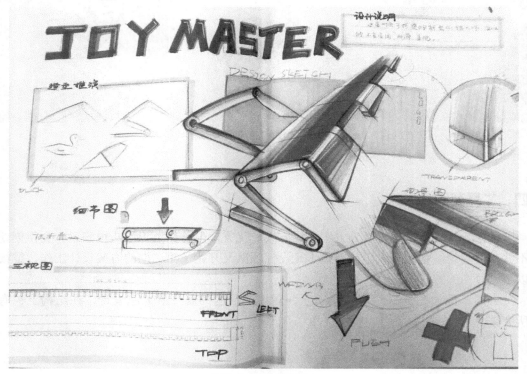

图3-24 二期草图2

草图2重点对练琴助手的折叠结构进行设计创新，便于收纳，不占用空间。外观简约、时尚、美观。

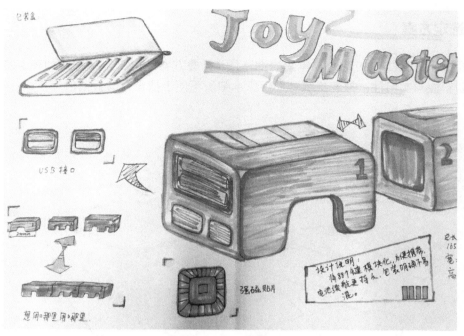

图3-25　二期草图3

　　草图3主要对练琴助手的连接方式进行设计创新，给模块编号，并通过强磁贴片进行模块间的磁吸式连接。同时，也考虑了包装盒的设计方案。

图3-26　二期草图4

草图4重点对练琴助手的折叠结构与外观形态进行了设计创新，部件之间通过转轴连接实现开合。

五、选定方案

经过甲方第二轮的综合评审，二期草图4折叠方案胜出，方案细节如图3-27所示，兼具创新性与实用性，拟解决练琴助手原本细长不便于携带且易折断的痛点。

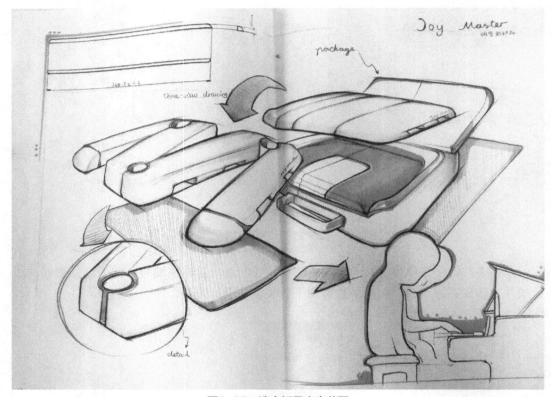

图3-27   选定折叠方案草图

同时，选定的折叠方案也带来了问题，需要拆分练琴助手内部原本连接在一起的PCB板。在技术上，如何实现？

接下来，设计团队联合上海某信息技术股份有限公司，一起攻克PCB板的分段与连接技术。

六、PCB板设计

经过技术可行性研究以及印刷电路重新设计，改进后的PCB板尺寸图纸，如图3-28所示。每块PCB板可识别12个黑白键，两端的4个金属探针可通过"磁吸"方式与其他PCB板进行连接，实现"数据"与"电"的传输。练琴助手的内部电路将由7块

PCB板连接而成，可识别84个钢琴按键，符合行业规范与惯例。

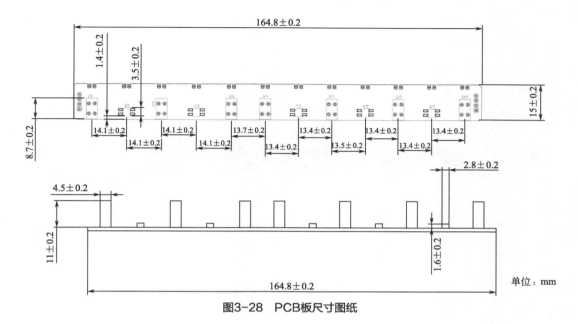

图3-28　PCB板尺寸图纸

　　改进后的PCB板实物如图3-29所示。经测量，尺寸误差在技术设计允许范围内，符合要求。

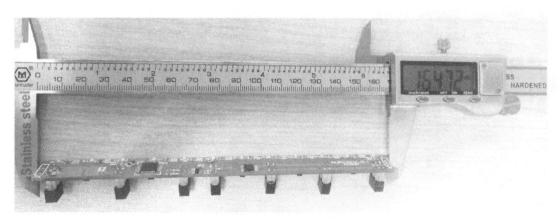

图3-29　PCB板尺寸验证

七、手板制作与验证

　　在选定方案与明晰分段PCB板尺寸的基础上，设计团队借助3D打印技术进行产品手板的制作，以进一步验证方案可行性与敲定设计方案细节。

　　最终手板如图3-30～图3-34所示。除两端模块（0与7），手板的中间模块均通过首尾磁吸相连，实现电与数据的传输。

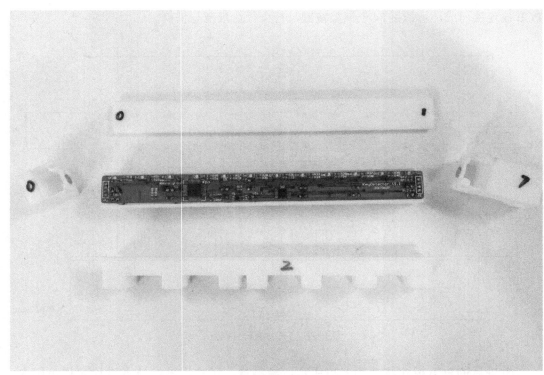

图3-30　产品手板1

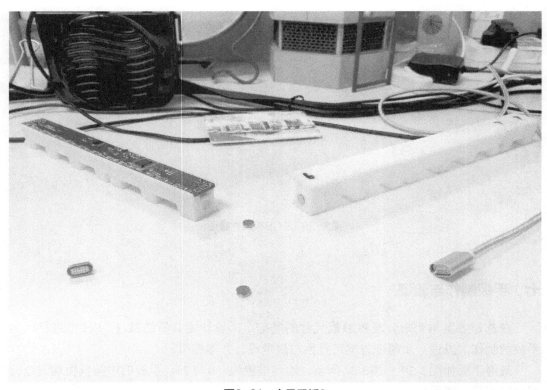

图3-31　产品手板2

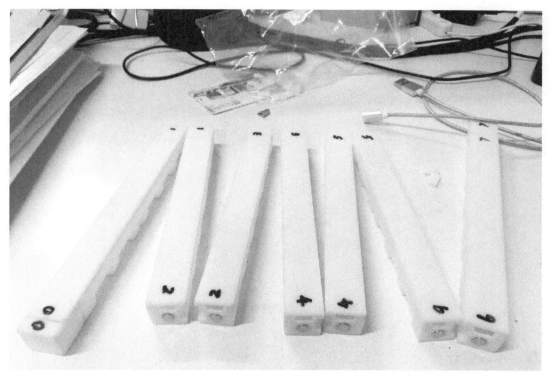

图3-32　产品手板3

图3-33　手板拼接后的展开状态

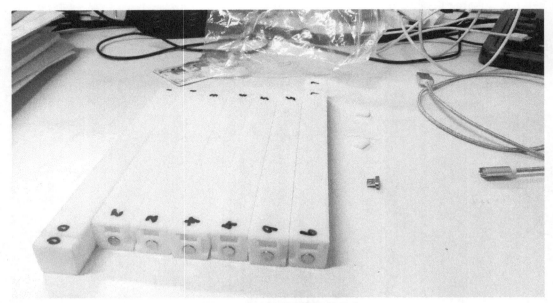

图3-34　手板折叠收放后的状态

八、包装设计

包装设计一般是指通过改变包装的材质、工艺、色彩、打开方式、使用方式等以提升被包装产品的吸引力与辨识度。包装设计的原始功能在于保护产品不易破坏，且方便运输。随着物质生活水平的提升，消费者对美感的追求越来越高，包装设计也需要紧跟潮流、满足需求，提高设计美观要求。

1. 方案设计草图

依据手板折叠收放后的状态与尺寸，设计团队开展产品包装盒的外观设计。包装盒设计手绘草图方案如图3-35～图3-38所示。

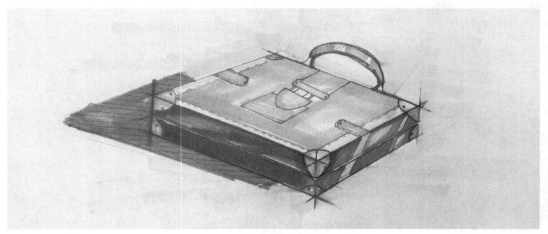

图3-35　包装盒设计草图1

草图1针对折叠后的练琴助手形态进行了中规中矩的外包装盒设计，在局部做一些包角与亮色的点缀设计。

图3-36　包装盒设计草图2

　　草图2坚持简约风格与路线的外包装盒设计，除了必要的开关与提手之外，未做其他细节设计。

图3-37　包装盒设计草图3

草图3对练琴助手包装盒外观形态进行了大胆设计，配色醒目，总体上，形似一个"音符"，拟与钢琴演奏所弹奏出的"音乐"形象相匹配。

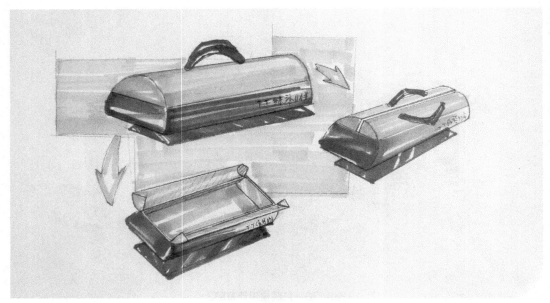

图3-38　包装盒设计草图4

草图4对练琴助手包装盒外观与功能均进行了创新设计，尤其在包装盒的开启方式设计上别出心裁。

2. 渲染效果图

经团队评审，加之制造成本考量，设计团队最终选定中规中矩的包装设计草图1，并在此基础上做了一定的简化设计，便着手进行建模渲染工作。

包装设计方案的渲染效果图如图3-39、图3-40所示。包装盒的内部结构依据产品手板折叠收放后的形态与尺寸，由厂家定制相应的EVA泡棉作为内衬，用于固定练琴助手。

图3-39　包装设计渲染效果图1

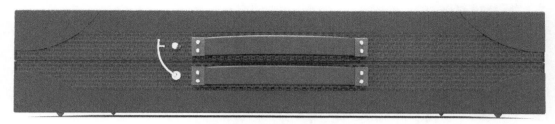

图3-40　包装设计渲染效果图2

九、会议评审

完成上述工作后，设计团队带着设计方案与产品手板，来到甲方所在地（扬州）的东区会议室，进行项目汇报与方案演示。甲方非常重视，派出了由公司总经理、副总经理、设计总监、客户代表等7人组成的评审团队。

经过第三轮的综合评审，甲方总体上满意和认可设计方案。但考虑到折叠部位的结构在多次使用后易损坏，建议去掉折叠结构，直接采用磁吸连接。

具体评审意见汇总如下。

第一部分：结构设计完善

结构调整：1*7组分段，不折叠方案。

第二部分：效果图

① 分段单模块效果（两头封口用彩色对应关系）。

② 整体效果（效果图要设计多视角、能表现出材质和盖板设计效果）。

第三部分：文字说明

① 产品设计中使用材质的文字说明。

② 涉及申请专利的文字说明。

十、最终方案

1.方案效果图

依据会议综合评审意见，设计团队对设计方案进行了修改与进一步的完善。完善后的最终方案效果如图3-41～图3-46所示。

图3-41　最终方案效果图1

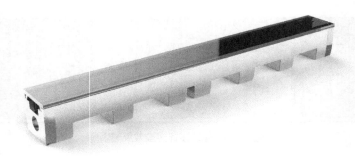

图3-42　最终方案效果图2

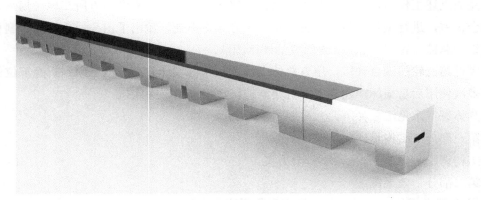

图3-43　最终方案效果图3

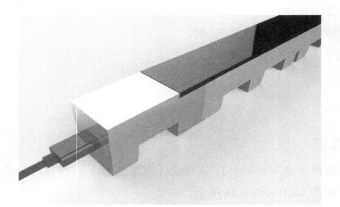

图3-44　最终方案效果图4

图3-45　最终方案效果图5

图3-46　最终方案效果图6

2. 材料与工艺设计

通过与模具厂商的沟通，练琴助手最终的材料与工艺设计如下。

① 下方底座材料为锌合金，采用压力铸造成型，表面进行抛光处理。

② 两端塑料部分与充电器材料均为PC，采用注塑成型，表面电镀出金属质感。

③ 上方盖板材料为PC，采用挤出成型，表面依据设计要求电镀出半透光效果。

3. 设计说明

练琴助手方案突破性地采用了模块化设计，实现了结构上的自主创新。将原本细长型的钢琴练习纠错产品，分成7段模块，其中中间的5段模块完全相同，便于批量化生产；两端模块因考虑电源、蓝牙与收尾等因素，略有差异。各模块间均采用磁吸式连接，实现电与数据的传输。

简言之，模块化分段设计与磁吸式连接，不仅实现了练琴助手的小巧、便携，也实现了其相应包装盒外观设计方案的创新。压铸抛光锌合金底座配合PC电镀半透光盖板，实现了材料与表面处理工艺的创新，提升了产品的整体品位与质感，给钢琴学习者带来了更好的用户体验。

第四章

面向装配的设计创新
（以大输液智能分拣机为例）

一、项目背景

大输液智能分拣设备是一种应用于医院静配中心的多病区输液袋自动分拣系统，通过该设备，可以将配置好的输液袋分配到相应的病区周转箱，大大节省了工作人员的体力，提高了分拣效率，降低了人工分拣出错的概率。随着自动化和数字化的广泛应用，这些原本只在工厂流水线上的大型设备也被小型化，接入医院的相关管理系统后实现了医院的信息化和数字化转型。

由于医院的规模及需求的不同，该设备往往需要按实际情况进行定制。且由于单件产品的价值较高，往往采取订单式设计、生产制造，因此在整个产品设计中需要尽可能使得产品的各零部件可快速采购，容易装配调试。对于工业设计而言，外观设计需要达到以下几个要求。

① 整机的美观性和识别度。

② 可靠的防护性。

③ 人体工学符合要求。

④ 外观零件选材合理，成本可控，易于制造。

⑤ 现场组装的装配性好，易于产品后期维护。

对于技术先导型的此类机电产品，可装配性被特别重视。首先因为设备尺寸较大，一体化的设备物流成本高昂，且受到使用环境限制，即便不考虑物流的成本，也难以正常进入建筑物，因此从设备内部机构的设计就考虑了模块化，将主要部件分成若干功能模块，单独运输，现场组装。外观件同样需要拆分为相应的不同零件，以适应使用环境。其次，外观件体型越大其制造难度也越大，为了弥补机械加工的不足，往往需要手工加工，必然会导致误差及处理工艺不佳，不同批次产品的质量有所差异，而拆分成若干零件后，机器容易加工，可以克服上述不足，不仅效率高而且质量得到了保证，成本也能显著下降。拆分后的外观件在设计时就必须考虑可装配原则，同时考虑可维护设计的要求，某些外观件还需要根据维护需求，设计为能够灵活打开和关闭的机构。

二、产品的技术工作原理

自动分拣机一般由输送机械、电器控制和计算机信息系统组合而成。实现自动分拣，目前普遍使用的机构比较多，在静配中心使用的方式有翻斗式分拣机、机器手臂、输送带挡板式、XYZ直角坐标机械手抓取式、并联机器人手臂等。本项目采取的分拣结构是翻斗式机构，分拣机工作原理及内部结构的示意图如图4-1所示。

该设备是一种双层分拣机构，输液袋经过入口处的摄像头扫描获取病区信息后滑入翻斗中，该翻斗到达预定的病区中转筐，机械结构顶起翻斗使输液袋滑落至相应位置的中转筐完成分拣任务。

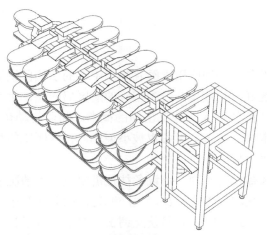

图4-1　分拣机工作原理及内部结构示意图

三、设备的外观设计要素

1. 材料与成型工艺选择

通过调研，同类型设备基本都采用钣金加工工艺来做外观件，钣金具有重量轻、强度高的特点，对于小批量生产相比于塑料工艺更加具有灵活性和低成本的特点。此类设备常用的材料为普通冷轧板SPCC，表面通过喷漆等防护措施，达到美化及防护的目的。也有部分产品使用不锈钢、铝合金等材料来制作，但总体成本较高。

钣金的加工工艺可以分为：

① 冲裁，利用冲裁模在压力机的作用下使板料按设计图纸外形分离。冲裁工艺用于冲孔、落料、切断、切口、切割等多种工序。冲裁后的板材可以进行后续加工。

② 折弯，利用压力机作用通过模具使材料形成一定角度的冲压工序。常用的折弯包括V型、Z型和凡折压等。由于SPCC板材较薄，通过折弯可以提高板材的强度，防止锋利的边缘对人的伤害，且提高外观件美观度。

③ 拉深，是将一定形状的平板毛坯冲压成各种开口空心件，或以开口空心件为毛坯，减小直径，增加高度的一种冲压加工方法。大型外观件一般不会使用拉深工艺，常用来产生标识或者小型零件。

④ 凸包，依靠材料的延伸使钣金形成局部凹陷或凸起的冲压工序。凸包使用在外观件上可以提高零件的强度。

2. 外观件装配方式

① 卡扣装配，如图4-2所示为电脑机箱的卡扣。钣金件的卡扣一般与其他方式（如螺钉）等配合使用，单独使用卡扣方式并不牢固。

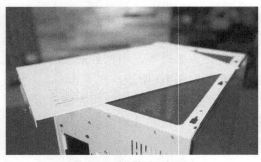

图4-2　电脑机箱的卡扣

② 铆钉装配，如图4-3所示，将铆钉插入两个板材的对应孔内，用专用工具拉动膨胀并截断从而达到装配在一起的目的。铆钉连接不可拆卸或者拆开后连接复杂。

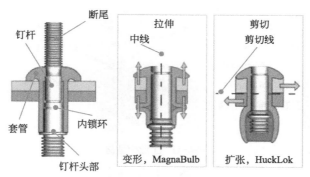

图4-3　铆钉装配

③ 螺钉装配，是指在其中一块板材上冲孔并抽牙，另一块板材上冲孔，通过螺钉将两个零件固定装配在一起。螺钉装配是比较常见的连接方式，在实际的装配中有两种方式，分别如图4-4、图4-5所示。

图4-4　抽牙孔+自攻螺钉装配

图4-5　抽牙孔+自攻螺纹+螺钉装配

图4-4的方式可以拆卸，成本低，但拆卸次数有限，抽牙如滑丝会导致整个零件装配失败。图4-5的装配方式较可靠，可以反复拆卸。

④ 点焊，是指两个零件在某一接触面的一些点被焊接起来。不可拆卸，不适合需要反复拆卸的产品。

3. 常用的表面处理工艺

① 电镀，将零件放入电镀液中，带电离子在电场作用下附着在产品表面形成镀层，一般适用于小型零件。

② 喷粉，粉末被极化，在电场力作用下均匀附着在极性相反的产品表面。

③ 电泳，带电颗粒在电场作用下，向着与其电性相反的电极移动。电泳漆膜具有涂层丰满、均匀、平整、光滑的优点，电泳漆膜的硬度、附着力、耐腐、冲击性能、渗透性能明显优于其他涂装工艺。

④ 烤漆，在零件表面喷上若干层油漆，并经高温烘烤定型。该工艺对油漆要求较高，显色性好。

4. 机架及其连接方式

该设备工程师在设计内部机构时，主要采用工业铝合金型材搭建框架，在机架上安装其他设备。外观件也需要附着在该机架上，如图4-6～图4-8所示。

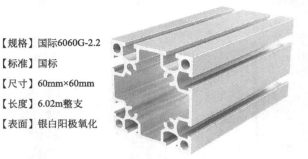

【规格】国际6060G-2.2
【标准】国标
【尺寸】60mm×60mm
【长度】6.02m整支
【表面】银白阳极氧化

图4-6　工业铝型材

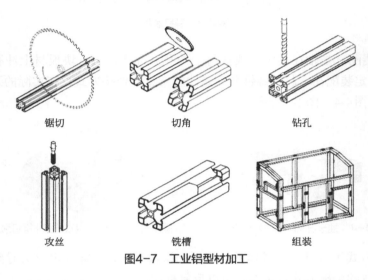

锯切　　　　　切角　　　　　钻孔

攻丝　　　　　铣槽　　　　　组装

图4-7　工业铝型材加工

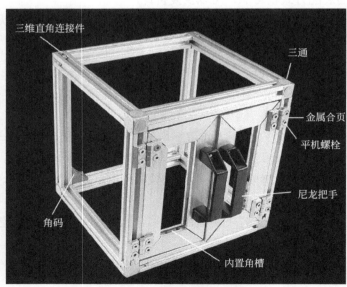

三维直角连接件

三通

金属合页

平机螺栓

尼龙把手

角码

内置角槽

图4-8　工业铝型材连接方式

四、方案设计

　　较大型设备由于物流成本及建筑物出入口的限制，需要遵循可分离、装配便利的设计原则。因此，设计师要仔细了解工程师给出的内部结构，大致理解设备的工作原理，开始设计前须与工程师讨论并确定设备分离的位置。本设备确定的机架采用国标6060G-2.2铝型材搭建，结构如图4-9、图4-10所示。

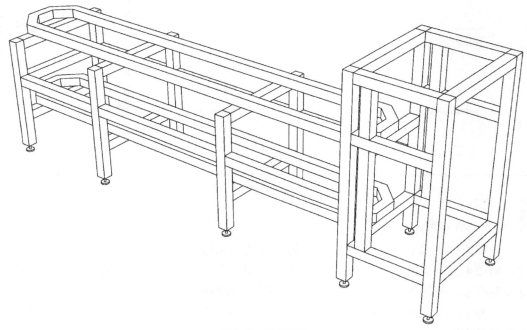

图4-9　设备机架

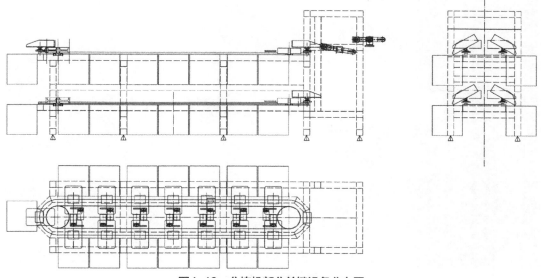

图4-10　分拣机部分关键设备分布图

该设备分为机头及机身两部分，分离示意图如图4-11所示。机头部分的机架及零部件为组装好的整体，外观件可以在工厂安装好。机身部分由于有大量的电机、轨道及控制柜，且机架长度较长，故机架由工人现场安装，此部分外观件设计必须要能够满足现场安装的需要。另外由于设备维修保养需要，所有的外观件要能够独立拆卸。

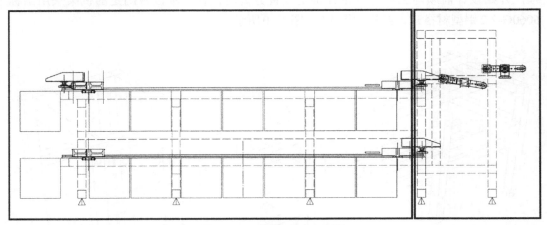

图4-11　分拣机分离示意图

1. 一期方案

一期方案的设计重点是确定产品的整体造型风格，无需表现拆件的位置及连接方式，如图4-12～图4-15所示。考虑到钣金成型工艺，以及后续拆件的方便性，外观以直线型略带圆角为主。圆角主要出现在可能与人接触的部位。其次，单一的直线型略显粗笨，为了赋予产品更好的视觉感受，需要增加层次感，可以通过多层次的造型并且配合色彩来实现。

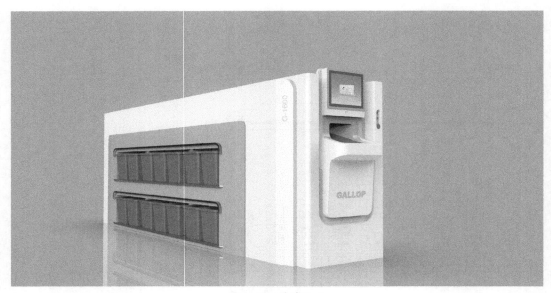

图4-12　方案A-1

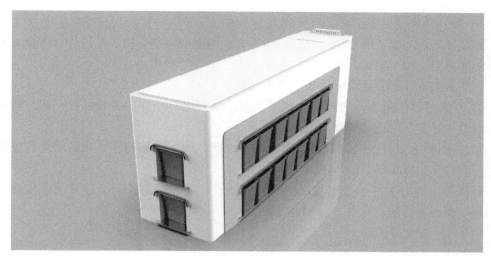

图4-13　方案A-2

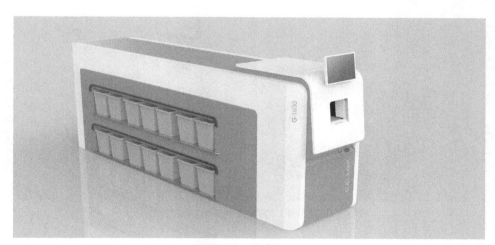

图4-14　方案B-1

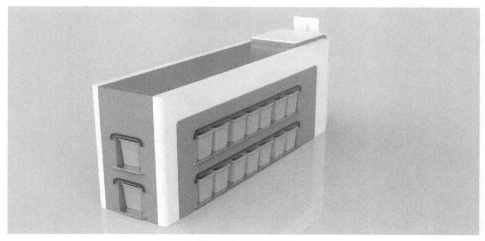

图4-15　方案B-2

2. 二期方案

通过评审，方案A继续深入设计。两个方案的主要区别是机头的设计，方案A的机头专业性更强，细节更多，造型语言丰富。

二期方案设计需要重点解决如下几个问题。

① 考虑拆件的位置，考虑钣金成型工艺，制作出单个零件并装配在一起，暂不考虑紧固方式，要考虑安装拆卸的顺序。

② 色彩的方案，通过对同类型医疗设备调研，确定产品的基本色、辅助色以及强调色，确定产品标识的解决方案。

因此第二期方案任务是比较艰巨的，外观设计要随时与工程师以及制造工程师沟通，从而保证设计的可行性。二期方案如图4-16～图4-19所示。

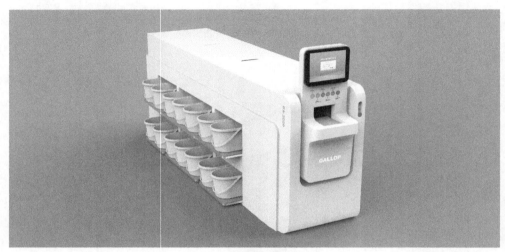

图4-16　方案A-1二期方案

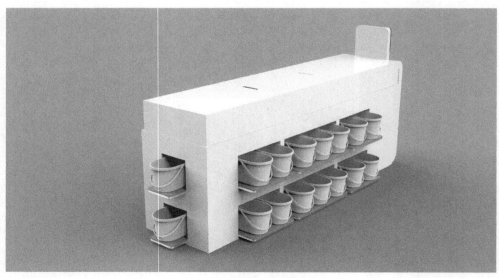

图4-17　方案A-2二期方案

设计说明：
1. 机箱板（7块）固定于机架
2. 装饰面板（9块）挂于机箱板，底部螺栓固定。装饰板若涂装色彩，色号为：C35M14Y13K0
3. 所有托板均可拆卸，顶部安装在机架上。托板上部面板为磨砂不锈钢，底部为拉丝不锈钢
4. 取出顶盖板，其他顶盖板可随之拆卸，所有顶盖板覆盖于机箱板上，机箱板顶部有折边支撑
5. 机头除装饰板外为整体件，向右侧可移出维修保养，固定于机架
6. 机头LOGO处为发光字，侧面型号字母丝印，灰度40
7. 显示器机板为黑色镀膜全玻璃
8. 该设计采用分体式外挂钣金件组成，钣金建议用不锈钢，壁厚1.2mm，表面喷涂高光白色油漆

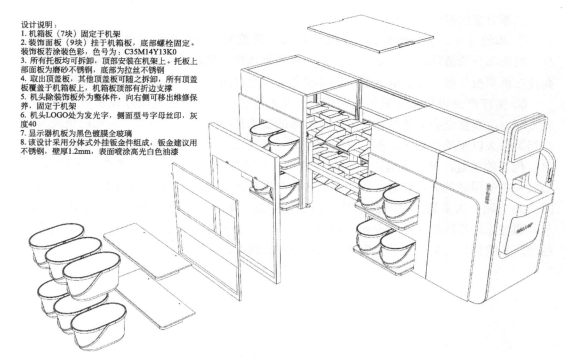

图4-18　方案A-2二期方案线框图

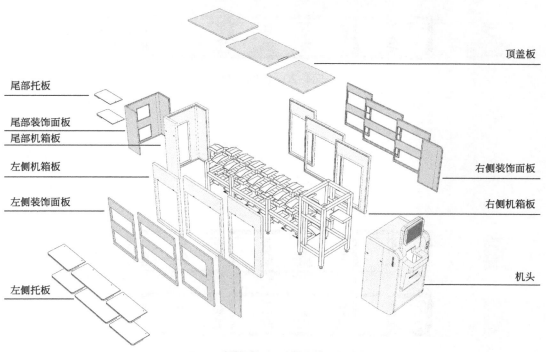

顶盖板

尾部托板

尾部装饰面板

尾部机箱板

左侧机箱板

左侧装饰面板

右侧装饰面板

右侧机箱板

左侧托板

机头

图4-19　方案A-2二期方案爆炸图

二期方案的设计说明如下。

① 本设计中，大型的钣金件共分为机头、顶盖板、机箱板以及外围装饰面板四部分。机头部分除装饰板外其余是焊接在一起的整体件，机箱板直接与机架连接，装饰板则挂在机箱板外部，顶盖板覆盖于机箱板之上，没有固定件，移除后机箱板可拆开。

② 医疗产品设计大都采用白色作为产品的主色调，这是因为医疗代表一种严肃的康复环境，要保证病人的身体恢复，最基本的要求是就医环境的整洁，因此白色成为医疗相关长久以来的代表色。但这样的习惯另一方面又让人感到孤独、冷淡、冰冷。这种单一色调的重复，易造成医院工作人员的心理不适感。设计的本质是要服务于使用者，必须考虑使用者的心理状态。因此现代设计在医疗产品上开始增加色彩的变化，但基于医疗的主题，大多数医疗产品仍然以白色为主题。本设备的色彩主要依靠装饰板来调节，通过涂装不同的色彩来获得不同的心理感受。另外本设备的附件——中转筐的色彩也对产品的整体视觉效果产生影响。色彩方案如图4-20、图4-21所示。

图4-20　色彩方案1

图4-21　色彩方案2

纵观医疗器械色彩设计的各种因素，可以总结出医疗器械的色彩设计过程中应该遵循的基本原则：

① 具有艳丽、时髦、富有情趣和格调、优雅等特点的色彩，它们体现了繁华、多彩、丰富、高贵、华丽等特征，这些色彩可以作为辅助色用来设计厂家铭牌、饰物等，可以体现产品的时代感。

② 具有轻柔、简朴、纯朴、自然、单纯等特点的色彩体现了宁静、安逸、沉着与祥和，能够与医院的整体环境相融合，属于中性色，可以作为医疗器械的主体色彩。

③ 具有亲切、开朗、可爱等特点的色彩可以用来作为医疗器械的辅助色，可以用于显示装置、操控装置设计，以增加医疗器械的活泼跳跃性，使医疗器械更具有亲切感。

④ 具有庄重、坚强、大胆等特点的色彩具有强烈的冲击，对比较为鲜明，能够体现温暖、炽热、热情洋溢和激动，可以用来作为医疗器械的辅助色，减少医疗器械色彩的单一感。

⑤ 具有朴实、庄重、严肃、深远等特点的色彩体现了刚毅、坚强和冲动，可以作为医疗器械的辅助色彩。比如，用来作为医疗器械的底座色，增加产品的稳定感。

3. 三期方案

在二期方案的基础上，三期方案重点解决的是装配设计，主要设计任务如下。

① 造型方面进一步修改，确定每个零件的准确结构、尺寸。

② 紧固方式。

③ 装配顺序。

④ 对色彩设计进行调整。

与二期方案相比，主要修改的部分如图4-22所示。

图4-22　二期与三期方案对比

① 机头踢脚部分由圆角改为直角，降低制造难度和成本。原先圆角的造型设计考虑到与人接触的防护需求，但实际不属于接近范围，属于多余的造型设计，且增加了制造难度，提高了产品成本。

② 标识的部分，由原先的发光标识改为丝印标识。机头的发光部位有屏幕，底下发光标识并不明显，制作工艺达不到要求反而会降低产品的档次。

③ 色彩方面最终确定为整体白色，辅助色由中转筐来承担，颜色由原先的粉色改为浅蓝色。原先装饰板的色彩为灰色，所占面积过大且令产品过于厚重。通过色彩的调整使得整体更加轻盈、干练。机尾部分增加部分警示标贴，使产品更显专业性。三期方案总体效果如图4-23所示。

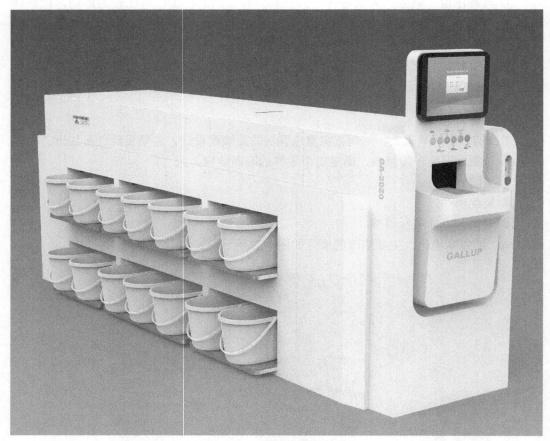

图4-23　三期设计方案效果图

五、装配设计

1. 装配顺序

除机头与机架为一体外，其余装配的顺序为先里后外，最后为顶盖板。装配顺序如图4-24所示。

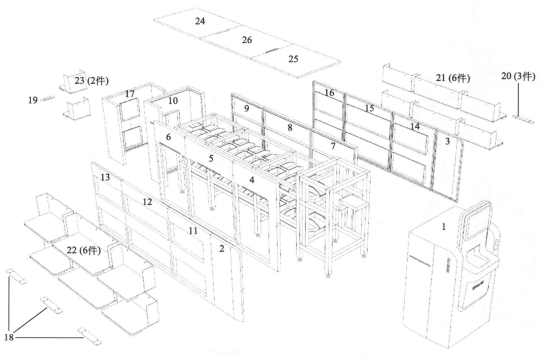

图4-24　外观零件（部件）装配顺序图

2. 紧固方式

各个零部件的紧固方式如图4-25～图4-29所示。

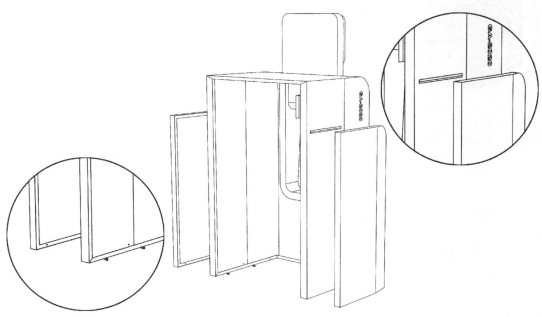

图4-25　1+2+3号板连接方式

（2、3号板通过顶部挂件以及底部螺钉连接至1号机身）

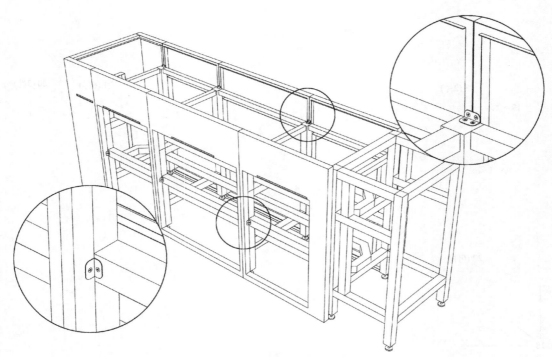

图4-26　4~10号板与机架的连接方式

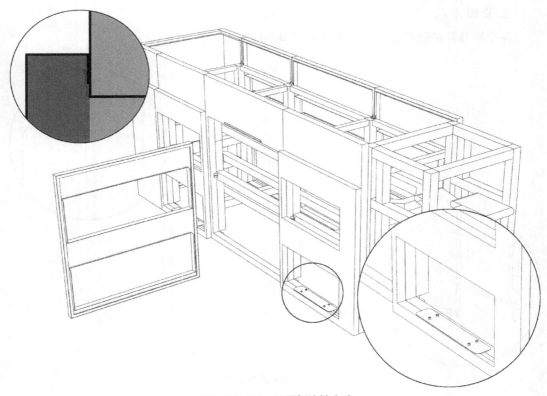

图4-27　11~17号板连接方式

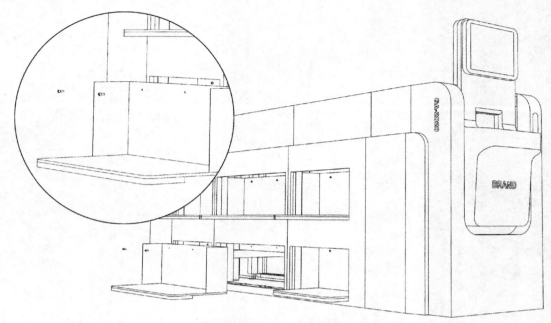

图4-28　21~23号部件连接方式

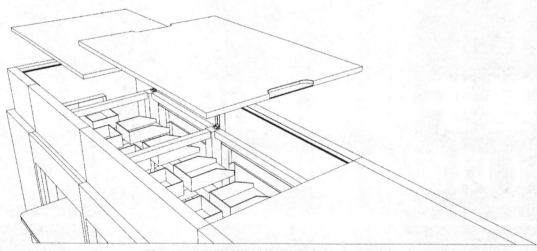

图4-29　顶盖板装配（直接落在4~10号板上沿）

第五章

基于成本的设计创新
（以厨余垃圾处理器为例）

一、项目背景

近年来，我国生活垃圾年产生量持续上升，其中厨余垃圾占比近60%，居民每天产生的厨余垃圾也是最难处理的垃圾之一，且每天都需要及时处置。厨余垃圾处理器满足了人们对于厨余垃圾方便处理的需求，同时满足了人们追求宜居、高品质生活的愿望，也降低了生活垃圾的储运量。

本项目受苏州某企业委托，设计一款有别于现有产品的全新厨余垃圾处理器。企业目前销售的产品定位高端市场，但随着厨余垃圾处理器的市场被激化，在售新产品不断涌现，该公司现有产品特色不够明显。企业未来的市场定位是中端市场，提出需要在研究现有产品的基础上，具有一定的创新点。由于目前公司已有产品在售，为有效控制新产品成本，保证足够的利润，在创新的同时应最大限度地减少对原产品的改动以降低开发和制造成本。因此，在项目开始之初，双方确定了以下几个设计目标。

① 本次设计尽量使用原产品功能模块，沿用原产品研磨仓及电机等关键零部件。核心功能件关乎产品的可靠性，保持其不变或微变可以大大降低开发周期和风险。

② 改变原有产品外壳不易拆卸的设计。原产品外壳通过卡扣连接，一旦机体掉落异物需要拆卸维修时，卡扣装配紧密难以拆卸，暴力拆卸易损坏塑料卡扣，且破坏产品外观的涂装层及分模线，损坏严重还需要更换新的外壳，因此考虑把原有的连接方式改为容易拆解的方式。

③ 外观件使用工程塑料，合理的表面处理方法。尽量减少零件数量，以便后期能用较少的模具成型。

④ 在产品结构设计时，尽量选择库存零部件，或者做一些微小的改动能满足设计需要。尽量使用外部采购件进一步降低成本。

⑤ 拥有区别于竞争产品的安装方式与外观特征。

二、产品的工作原理

厨余垃圾处理器的基本工作原理如图5-1所示，利用电机带动高速旋转的研磨盘，将送入处理器的食物垃圾粉碎，高速研磨盘还会产生较强的涡流，使得残渣在水流的作用下流入下水管道。家庭常用的厨余垃圾处理器体积不大，重量适中，一般直接吊装在水槽的下水道口，通过遥控开关控制机器的启停。其研磨性能主要取决于电机功率以及研磨盘的设计。电机功率越大，处理效率越高。研磨盘的设计与制造优劣也决定了垃圾粉碎的细腻程度。

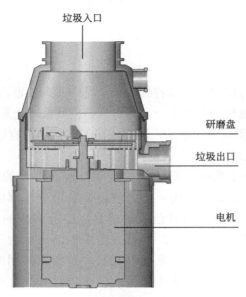

垃圾入口

研磨盘

垃圾出口

电机

图5-1　厨余垃圾处理器工作原理图

三、竞争产品调研

　　根据第一财经商业数据中心提供的调研报告，2017—2019年厨余垃圾处理器品类线上销售额排名前15的品牌，如图5-2所示。

MY2017	MY2018	MY2019
1　in sink erator/爱适易 ⟶	1　in sink erator/爱适易 ● ⟶	1　in sink erator/爱适易 ●
2　Becbas/贝克巴斯 ⟶	2　Becbas/贝克巴斯 ● ⟶	2　Becbas/贝克巴斯 ●
3　Wastemaid/唯斯特姆 ⟶	3　Wastemaid/唯斯特姆 ● ⟶	3　Wastemaid/唯斯特姆 ●
4　净邦	4　科林勒 ▲	4　Midea/美的 ▲
5　科林勒	5　E200 ▲	5　delis/德力生 ▲
6　爱迪生	6　PiADLIEK/品勒 new	6　Vatti/华帝 new
7　E200	7　Gladore/格莱达 ▲	7　Royalstar/荣事达 ▲
8　Gladore/格莱达	8　净邦 ▼	8　PiADLIEK/品勒 ▼
9　ETAR/宣达	9　爱迪生	9　XM/芯美 new
10　LECOASE/勒科斯	10　摩恩 new	10　Whirlpool/惠而浦 new
11　Midea/美的	11　Midea/美的 ●	11　Gladore/格莱达 ▼
12　HOMEKAAS	12　LECOASE/勒科斯 ▼	12　复旦申花 new
13　Haier/海尔	13　OROWA/欧诺华 new	13　菱度 new
14　登尚	14　Royalstar/荣事达 new	14　摩恩 ▼
15　爱思尼	15　delis/德力生 new	15　Proscenic/浦桑尼克 new

图5-2　2017—2019年厨余垃圾处理器品类线上销售额TOP15

　　通过竞争产品调研，从设计的角度主要了解各品牌产品间的差异性，如表5-1、表5-2所示，为提出本次产品设计的设计要点提供支持。

表5-1　竞争产品横向比较（2020年3月）

产品	产品质量（关键部件、材料、质保或使用年限等）	功能特点	垃圾处理效果	噪声	参考价格/元
品牌1	感应式交流电机，耐冲击粉末冶金技术，一体成型研磨锤，外壳塑胶磨砂工艺。质保：整机五年	革新研磨机制，遇阻自动反转，高效减震	二级研磨，中小颗粒	多重防震支架和降噪棉，空载运行噪声59.2dB	3999
品牌2	材料：研磨盘不锈钢材质，研磨腔Reinforced Nylon（玻纤增强强尼龙），外壳ABS，使用年限：十二年	强力磁力环，过载保护，便捷安装	二级研磨第四代研磨技术不堵下水	三重静音（轻声细语）30～50dB，水膜隔音防溅罩	1799
品牌3	外壳采用不锈钢合金材料；接合部分高抗氧化橡胶材料，抗腐蚀性、抗氧化能力好的隔音效果；采用铸铜螺母，有效防止生锈。质保五年	抑菌技术，过载保护	五级研磨	直流静音电机，缓冲减震设计，动平衡处理，研磨盘全包闭消音棉，水膜隔音防溅罩	2999
品牌4	几乎全金属机身，重达11.36kg。耐冲击粉末冶金技术，一体成型研磨锤设计，坚固耐磨经得起强烈冲击，外壳塑胶磨砂工艺。整机六年质保	快装功能，过载保护	三级研磨，微小颗粒	五级静音：多重防震支架和缓冲，运行稳定，全包裹密闭具有卓越的静音和减震效果，几乎只有水流声	6499
品牌5	外部不锈钢壳体，军工级纯铜直流电机，使用年限：10年以上	无刀片切割，绝缘空气开关，过载保护	双层研磨，5级研磨	双重密封隔音壳体40～60dB	1599～1899
品牌6	无碳刷感应马达，三层密封静音设计，外壳ABS，质保：整机六年	抑菌，速装过热保护，无线系统，无线开关设计	2.5N·m研磨强度	三层密封静音设计，如同正常说话的声音	3699
品牌7	直流电机，高品质润滑可减少损耗，外壳pp材质，预期使用年限：八年	无线开关，1.1L大研磨仓，螺旋冲刷	三级研磨油水混合防沉淀，残渣颗粒小于2mm³	有缓冲减震设计	1499

表5-2 竞争产品参数比较（2020年3月）

参数	美的 MD1-C38-CN	德力生 DJ-720	净邦YC012	爱适易 E200	科林勒 KL-750	贝克巴斯 E60	唯斯特姆 NOVA 90RS
功率	380W	560W	750W	380W	750W	650W	600W
马力	0.75~1HP	3/4HP	1HP	0.51HP	0.75~1HP	0.88HP	0.75~1HP
电压/频率	220V/50Hz	220~240V	220V/50Hz	220V/50Hz	220V/50Hz	220V/50Hz	220V/50Hz
电机	直流	直流	直流	交流	交流	直流	直流
容积	0.98L	1.3L	1.5L	1180mL	1.8L	1400mL	1400mL
研磨系统	无刃锤片	无刃片	无刃锤片	无刃片	无刃锤片	无刃片	无刃片
研磨程度	三级研磨	五级研磨	四级研磨	三级研磨	四级研磨	<2mm	五级研磨
开关	有线空气开关，需打孔	内置空气开关	有线空气开关，可选配无线开关	空气开关	无线开关，免打孔	无线	无线
重量	4.24kg	6.8kg	6kg	11.6kg	8.62kg	5.3kg	6.2kg
抑菌	√	×	√	×	√	√	√
体积	180mm×180mm×372mm	188mm×188mm×338mm	200mm×200mm×340mm	243mm×243mm×330mm	110mm×170mm×340mm	399mm×218mm×218mm	250mm×250mm×490mm
安全磁吸环	√	×	√	√	√	√	×
洗碗机接口	√	√	√	√	√	√	√
隔音系统	水膜隔音防溅罩	双重密封隔音壳体	水膜隔音防溅罩	多重隔震支架和缓冲、全包裹封闭	双层密封隔音技术	隔音罩	缓震吸音棉
减震系统	√	√	√	√	√	√	√
过载保护系统	√	×	√	√	√	√	√
自动关机	×	√	×	×	×	×	√
外壳工艺	ABS	ABS	ABS	不锈钢	ABS	ABS	ABS，上下可分离式
安装组件	法兰盘	不锈钢法兰盘	法兰盘	法兰盘	法兰盘	法兰盘	不锈钢法兰盘
适用范围	单、双槽	单、双槽	单、双槽	单、双槽	单、双槽	单、双槽	单、双槽
价格/元	1999	1599	1299	6499	2699	2555	2999

四、设计要点

基于竞争产品调研，设计团队提出了如下改进的意见并提炼为初步设计要点如下。

① 双重开关：遥控＋机械，防止紧急情况下开关不便；

② 研磨情况可视化：采用连接智能家居系统，或采用部分透明材料；

③ 研磨完毕提示改进：提示声/提示灯/手机提醒；

④ 稳定性：是否需要添加地面支撑点或产品落地；

⑤ 微生物分解、温风烘干功能：除菌除臭；

⑥ 造型整体性：与现有厨房电器具有相同的感官；

⑦ 收纳：配件利用水槽底部死角空间；

⑧ 售后服务：送货安装预定安排系统；

⑨ 智能提示工作进程，垃圾处理完水流继续灌洗15s后发出提示，省水省电，智能环保，操作安全；

⑩ 芯片控制智能研磨，研磨遇到阻力智能增加扭矩，提升电机功率，并实现自动反转研磨，能够研磨大部分难以处理的厨房食物垃圾；

⑪ 磁力环，在研磨仓入口设有强力磁铁环，防止刀叉勺子等铁质物件落入；

⑫ 防止回水的止逆阀，解决蓄满水后的反水问题；

⑬ 内壁选用抑菌材质，并增加工作功率较低的自净模式，可定期加入特定清洁剂进行清洗，减少异味的散出；

⑭ 底部一体化可伸缩支架设计，改善水槽由于长期承重导致变形；

⑮ 增加水流检测装置，从而增加处理器启动条件，防止用户先倒入厨余垃圾后开启水龙头的常见误操作；

⑯ 优化改善法兰形状，使受力更加均匀；

⑰ 处理器由单体式到机械式的改进，在控制成本的基础上增加过滤装置，使产品更适用于中国市场；

⑱ 蓝牙语音控制，机器和水龙头感应开关，释放双手，节约资源；

⑲ 不连接水槽，直接将垃圾扔入储藏箱，提供误操作空间。再引入机器集中研磨，实现落地式，避免机器长期悬于水池下方；

⑳ 设置一个遥控的控制面板，控制面板上显示所需要水流量，在机器停止工作后的15s倒计时等；

㉑ 在操作面板上，设置进度可视化，同时也可观察研磨腔内的清理情况，研磨清理情况可视化；

㉒ 管道内壁内置一个清洁剂放置口，利用水的冲击力，带入清洁剂，清洁难以清洗的油污；

㉓ 在造型方面：安装时需要抓住底座旋转，因此需增加凹凸曲面或者凹槽，或者改变材料或表面加工工艺增大摩擦力，便于安装；

㉔ 采用锯齿橡胶封盖，在使用时，让水流流入机器的同时，减小孔径，防止小朋友手臂伸入；

㉕ 用分类或过滤的方式防止异物掉落而卡住处理器的情况发生；

㉖ 使用活性炭或者其他吸味的化学物质，减少垃圾返味的可能，避免产生不好的用户体验；

㉗ 用电子显示方式帮助使用者观察内部情况；

㉘ 开关加入状态提醒装置，可显示工作进度及故障提醒；

㉙ 加入语音控制系统，帮助不会使用电子产品的消费者；

㉚ 脱颖而出的外观设计，区别于现有产品，使人眼前一亮；

㉛ 采用落地式设计，减少使用过程中的恐惧心理，增加安全感；

㉜ 增加提醒装置，对可处理与不可处理的食物垃圾进行筛选；

㉝ 全金属，塑造专业可靠形象；

㉞ 增加电子净味装置，去除柜体内异味；

㉟ 外壳增加照明装置，辅助检修及方便用户置物；

㊱ 缓慢启动，智能转速控制；

㊲ 与水池采用柔性材料连接，减少震动；

㊳ 部分管道透明化，方便用户观察处理效果；

㊴ 开发App，了解机器工作状态，处理垃圾的总量；

㊵ 设置厨余垃圾沉淀压缩池，降低管道排放负荷；

㊶ 设计厨余垃圾送入料斗，方便用户安全高效投放垃圾；

㊷ 在管道端增加气压装置，辅助垃圾快速排放，保持管道畅通；

㊸ 机体采用悬浮结构，降低对水池的负荷，进一步降低噪声；

㊹ 研究现有产品及竞品，重新设计新的个性化的色彩配色方案。

经过与企业讨论，从目前企业研发投入及市场定位出发，确定下一步的核心设计要点，如表5-3所示。

表5-3 核心设计要点

分类	核心设计要点	描述	图示
1	简化安装	通过改进法兰设计等方式，使产品安装更简单，防止安装不到位出现漏水等问题。个人用户也能操作，且稳固安全，发生堵塞也能快速拆除排障	
	伸缩支架	用于托住机器，降低对水槽的承重（低质量水槽表示压力比较大），安全永不脱落	
2	金属物品防漏	通过改进防漏装置，解决机器开启时将铁质金属类吸进去的问题。一旦有异物掉落，能够便于移除该防漏装置，通过夹具或手取出异物	
3	防漏水设计	减少与水槽口连接漏水的概率（是否将橡胶垫圈结构改善？与简化安装相结合考虑），增加防水设计、漏水传感器报警、接水盘等功能	

分类	核心设计要点	描述	图示
3	防反水设计	目前管子在涡轮增压的使用下，蓄满水后在水池溢水口出现反水状况，是否需要考虑改善管道的反水阀	 启动机器，水从这里反出
4	减震设计	通过一系列方式进一步降低设备运行时产生的震动及噪声	
	附加功能	消毒、净味、照明、进料斗、辅助进料棒、可伸入式探测摄像头、异物夹、强磁吸铁棒、儿童安全防护等贴心小功能	
	电机周边设计	如散热、转速可调、定时关闭等有利于增加电机寿命的设计改进，手动旋转等方便安全去除杂物的设计点，不限于此	
5	产品延展性及循环购买力、商业模式研究	开放式命题：例如，小米的洗手液装置头，需要购买小米的洗手液才可使用其增压式泡头；配套物品：如特殊的排水管道，临时垃圾盒（用于异地收集垃圾后集中时间处理）；包括可能的其他商业模式设计（买一赠一、买大送小、租用：租房用户等短时使用）	
6	外观	① 目前产品的造型使用的是公模，辨识度较低且单一，亟待解决。希望与市场上现有产品有区分度 ② 目前产品的CMF过于简单，需要考虑区分定位重新设计	
7	市场定位	市场定位方向： ① 中低端（主张性价比、物超所值的消费者，产品功能较全面，使用方便贴心，外观有较好的辨识度），难点：市场饱和度高，供大于求，竞争激烈 ② 高端（主张极致工艺、追求美好生活、高情感的消费者，产品选材精良，表面工艺有质感，产品偏智能），市场潜力巨大 综合更多设计要点，合理选择组合，外观设计需要体现产品的两个定位	

该设计要点主要分为两部分，1～4主要是产品的功能改进意见，5～7分别是商业模式、外观及市场定位的设计要点。

五、产品定义

基于上述设计要点，设计团队经过交流探讨进一步提炼出产品定义，以确定方案设计的具体要求。本次设计共形成了三个不同的产品定义，如表5-4所示。

表5-4 产品定义

分类	设计要点	描述	设计要求	产品定义1	产品定义2	产品定义3
1	简化安装	通过改进法兰连接等方式，使产品安装更简单，防止安装不到位出现漏水等问题。个人用户也能简单操作，且稳固安全等，发生堵塞也能快速排除排障	① 螺纹与承插连接方式 ② 配合承插连接的支架 ③ 现有法兰的改进	技术要求： ① 针对现有产品的法兰，改进连接方式，使其更可靠，长期不漏水，安装不复杂 ② 通用型支架，用于本企业的各型号垃圾处理机，高度可调。与本公司产品有契合低成本较低 ③ 装配有外接式单向阀，防止回流 ④ 外连清洁剂或酯脂防分解酶装置 ⑤ 其他优化设计：不限（成本可控） 造型要求： ① 与现有市场有产品相比较有高辨识度 ② 研究设计两种CMF方案，分别区别中低端、高端两种机型	技术要求： ① 螺纹与承插连接方式，安装连接更可靠，长期不漏水，安装不复杂 ② 配合该机型的支架 ③ 装配有外接式单向阀，防止回流 ④ 外连清洁剂或酯脂防分解酶装置 ⑤ 其他优化设计：不限（成本可控） 造型要求： ① 与现有市场产品相比较有高辨识度 ② 研究设计两种CMF方案，分别区别中低端、高端两种机型	技术要求： ① 针对现有产品的法兰，改进连接方式，使其更可靠，长期不漏水，安装不复杂 ② 上下分离式机体设计，拆装方便，密封可靠 ③ 装配有外接式单向阀，防止回流 ④ 外连清洁剂或酯脂防分解装置 ⑤ 其他优化设计：不限（成本可控） 造型要求： ① 与现有市场产品相比较有高辨识度 ② 研究设计两种CMF方案，分别区别中低端、高端两种机型
2	伸缩支架	用于托住机器，降低对水槽的承重（低质量水槽表示压力比较大），安全水不脱落				
	异物防漏	通过改进防漏装置，解决机器开启时将铁质金属类吸进去的问题。一旦有异物掉落，能够便于移除该防漏装置，通过夹具或手取出异物	① 机体搭扣分离设计 ② 防漏橡胶圈改良			
3	防反水设计	目前管子在涡轮增压的使用下，蓄满水后在水池溢水口出现反水状况，是否需要考虑改善管道的反水阀	① 外接可装配式单向阀设计 ② 外连接分解酯脂防酶盒 ③ 水龙头一体化开关 ④ 缓流储水箱			
4	减震设计	通过一系列方式进一步降低设备运行时产生的震动及噪声				
	附加功能	消毒、净味、照明、进料斗、辅助进料棒、可伸入水池探测摄像头、异物夹、强磁吸铁棒、儿童安全防护等等贴心小功能	① 显示屏 ② 可调高防震支架 ③ 开关面板的改进（儿童锁、指示等）			
	电机周边设计	如散热、转速可调、定时关闭等有利于增加电机寿命的设计改进，手动旋转等方便全去除杂物的设计点，不限于此				
5	造型	目前产品的造型使用的是公模，辨识度较低且单一，希望与市场上现有产品有区分力度				
6	CMF	结合造型改进				

六、方案设计

方案设计分为两个阶段，第一阶段重点是对新型的结构设计，第二阶段重点是外观设计。

按照产品定义的要求，主要的结构设计需要着重解决的问题有如下三个方面。

① 承插结构，以满足快速安装、拆卸的需求。

② 上下分离式机体设计，便于取出内腔清洁与异物取出。

③ 可升降的底部支架设计，一类是通用型支架，另一类是配合外观设计的独有支架。

1. 承插结构的提出及设计方案

原有产品的连接主要依靠可旋转的法兰盘紧固，如图5-3所示，需要专业人员安装锁紧，且在水池底下空间比较局促，加上视线遮挡，非常费劲。一旦机器出现故障，取下也比较费劲。长期来看，这种锁紧方式也会因密封橡胶的老化漏水。为了解决上述问题，需要重新设计一种机体与水槽的连接方式，能够便于安装工人的安装，甚至是用户自行安装拆卸，便于其日后的清洁保养、异物处理等。

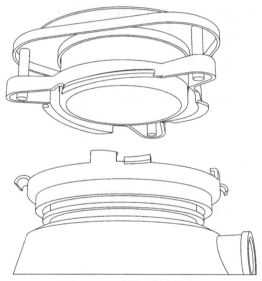

图5-3　原产品的法兰结构

在科研和管理中遇到的问题大致有两类，常规问题或者是发明问题。常规问题的基本特点是该问题的解决方案是已经存在的，可能没有出现在这个领域或用于这个产品，可以通过查询技术手册、互联网搜索、检索专利等获得启发，获得若干种解决方案。解决此类问题的关键是对于可行性的研判。发明问题的特点是该问题的解决方案是不存在的，需要设计人员尝试多种思路、方法、实验，进行推导或者倒推，需要解决其中的"矛盾"，获得创新的成果。

基于上述思路，认为可以先将该问题定义为常规问题展开。需要搜索现有技术的解决方案。通过互联网搜索，获得的基本资料如表5-5所示。

表5-5　连接结构搜索结果

序号	图例	说明
1	3cm口径	水槽连接器下部带有突出的沿，下水管的接口是弹性塑料，两者相接在一起，达到快速连接及密闭的效果。缺点：时间长塑料老化可能会导致水管松动漏水
2	对准管道　插入即可	这是一个下水管密封装置，上部的塑料件下端口外围带有一圈弹性环，插入下面的PVC下水管后起到密封作用。这样的结构优点是，由于多层密封圈的设计，使得该产品的密封效果较好。缺点是，连接强度不够

受此启发，一套关于承插的方案浮现出来。只需改变原有下水器的管径，并且加长，在其下口嵌套硅胶密封圈即可达到设计要求。安装时机器由下往上放置到位即可。承插基本结构的设计示意图如图5-4所示。

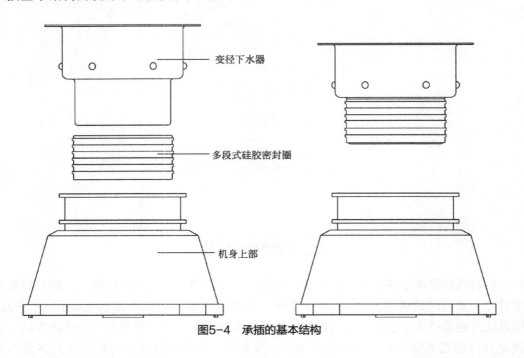

图5-4　承插的基本结构

变径下水器

多段式硅胶密封圈

机身上部

这种承插方案在解决安装便利的同时也需要提供两个条件：一是机器需要提供底部支撑，二是为防止底座松动，还要设计一种保险悬挂装置，以免机器意外脱落造成事故。为了降低成本，在设计时就考虑如何利用原有法兰装置进行悬挂。经过反复比较，最终确定了一种搭扣技术，其示意图如图5-5所示。

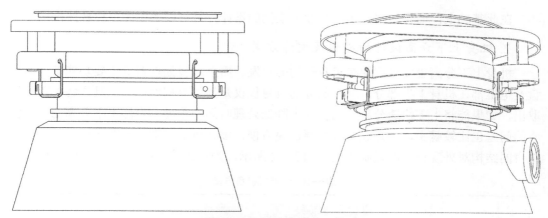

图5-5　承插安全防护结构

　　三段式承托架如图5-6所示，可以用一个零件相互卡接而成，无需紧固件，进一步降低了成本。另外拆开的环便于固定在原有机身的上沿口，更牢固，如图5-7所示。

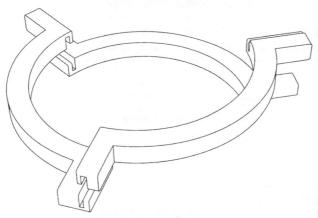

图5-6　三段式承托架

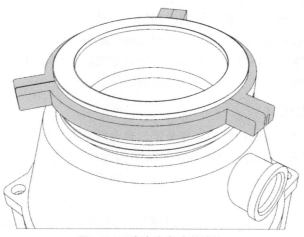

图5-7　承托架与机身的连接

在此基础上，如果增强搭扣的强度，承插的设计方案可以变更为一种悬挂机构。

2. 机身上下分离设计的提出及设计方案

机身上下分离主要受到原有机身结构的启发。厨余垃圾处理器的主要功能部件研磨盘及电机都在机身下半部分，上半部分的机身仅仅是提供容积而已。一旦异物掉落无法取出，如果能将上下快速分离，则会大大降低处理时间和难度。当然上下分离的方案面临的问题也比较棘手，一是连接方式要快速方便，那么可能与密封会有矛盾，二是分离机身的结构对外观设计的限制较大。如表5-6所示，为设计的两种上下分离式方案。

表5-6　分离式机身方案

方案1	
说明	上下机体通过螺纹连接，密封性好，可靠性较高 缺点：拆卸时需要去除外部连接的管道，外观设计受限
方案2	上部腔体 上部外壳 搭扣 下部腔体 电机 下部外壳
说明	上下机身通过搭扣进行连接，操作简单方便 缺点：搭扣的形式影响外壳的美观性，对于外壳设计具有一定的制约

上述方案最终在研判时还是被否定了。分离设计的目的是方便安装，且异物容易取出。该设计的安装时并不能提供较好的便利性，一旦异物掉落，用户拆开分离装置的难度（考虑到密封需求）增加，且大部分用户会向厂家寻求帮助并不会自行处置。这样势必造成这种设计思路的不成熟。再者外观依然是导致用户购买的一个重要因素。分离式设计对于外观是个挑战，机身内外的统一很难做好。

3. 可升降支架设计

可升降支架不仅是承插结构的必备装置，也可以是常规悬吊产品的选配产品，可以大大降低对水槽的重力作用，减少漏水等故障的发生。升降支架的设计考虑如下几个参数：升降范围，与机身底部的连接，缓震，升降机构（原理）的选择，外观与机身匹配，制造成本可控。

根据产品安装后底部与厨柜底板的间距，高度可调节一般在120～180mm。对于承插设计的厨余垃圾处理器，必须将底座与可升降支架连接，防止机器启动瞬间引起的转动。缓震用于减缓机身研磨产生的震动传递至厨柜引起更大的声响。升降机构在满足高度调节的要求下还需要能长时间保持固定，可靠性高，体积不大，升降方式有很多种，需要在诸多结构中选择适合的一种。虽然支架位于机器底部且一般都隐藏在厨柜内部，但是精致的外观设计同样可以提升产品的档次。成本可控需要在设计时尽量使用通用标准件。

从原理来看，通过检索，可升降机构可以有如下五种模式，如表5-7所示。

表5-7　几种常见的升降机构比较

模式	图例	说明
剪式		优点：受力强 缺点：体积稍大
螺旋式		优点：便宜简洁 缺点：稳定性稍差
伸缩式		优点：调节方便，受力较好 缺点：存在滑动的可能性
卡扣式		优点：调节方便，牢固 缺点：单体的稳定性一般，需要选用强度较高的金属材料
阶段锁紧式		优点：受力强，稳固 缺点：阶段式调节，灵活性差

上述五种升降方式具有一定的代表性，在考虑成本等要素以后，综合外观设计，最终采取卡扣式升降方式。

为了尽可能使用标准件制造以降低成本，同时兼顾美观的要求，升降支架设计在结构上采取了如下方式，如图5-8、图5-9所示。

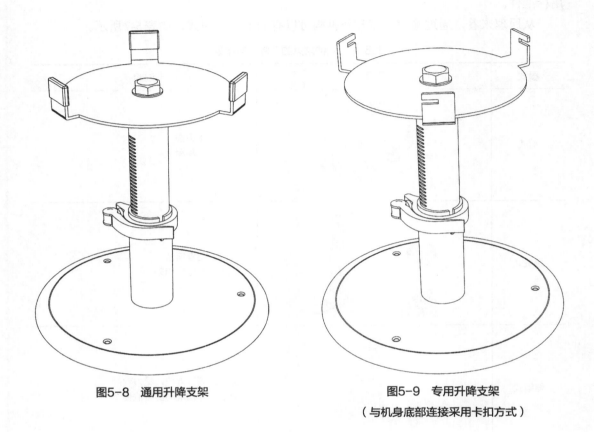

图5-8　通用升降支架 　　　　　　　　图5-9　专用升降支架

（与机身底部连接采用卡扣方式）

① 底盘使用钣金拉深工艺，与支撑杆不为一体；底部采用自攻螺钉与橱柜底板进行固定。

② 支撑杆使用金属圆管；为增加摩擦力，圆管外部作咬花处理；为应对不同的高度需要，支撑杆也有不同的长度规格。

③ 为了使升降支架具有通用性和专用性，连接盘有两种方案以应对不同的需求。考虑简化并添加缓震橡胶。

第一次的设计方案是通用型方案，顶部的三个橡胶套具有良好的防滑缓震结构。去掉橡胶套后，里面是卡扣结构，能与厨余垃圾处理器底部的结构相互配合，达到牢固连接的效果。

为了使升降支架更具通用性，三个支点必须要适应不同的厨余垃圾处理器底盘尺寸。在第二次的方案设计中，三个支点与上盘面之间采用了分离式结构，如图5-10所示，通过螺栓连接，调节尺寸的范围更大。升降支架爆炸图如图5-11所示。

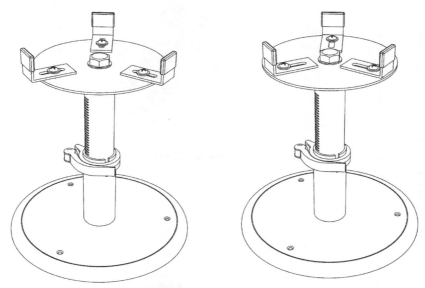

图5-10　改进后的升降支架

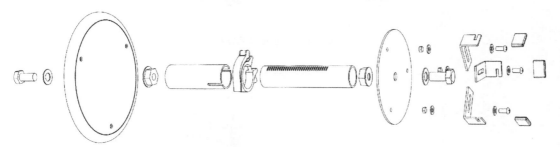

图5-11　升降支架爆炸图

4. 外观设计

外观设计的6个方案分别如图5-12～图5-17所示。

图5-12　外观设计方案1

图5-13　外观设计方案2

图5-14　外观设计方案3

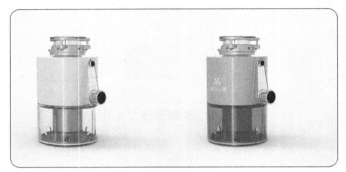

图5-15　外观设计方案4

图5-16　外观设计方案5

图5-17　外观设计方案6

外观设计方案的选择，通过与委托方的反复确定，最终确定方案6继续进行结构设计。

七、结构设计

为了达到效果图所示视觉效果，必须对原结构中电机保护罩进行重新设计，如图5-18所示。

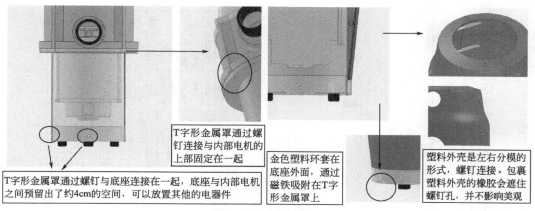

T字形金属罩通过螺钉连接与内部电机的上部固定在一起

T字形金属罩通过螺钉与底座连接在一起，底座与内部电机之间预留出了约4cm的空间，可以放置其他的电器件

金色塑料环套在底座外面，通过磁铁吸附在T字形金属罩上

塑料外壳是左右分模的形式，螺钉连接。包裹塑料外壳的橡胶会遮住螺钉孔，并不影响美观

图5-18　内部结构图

采用左右分模的形式，而外层的包裹外壳采用更加柔软的TPE材质，在表面做一些凹凸的纹理，放弃碳纤维效果，如图5-19所示。

热塑性弹性体
TPE
Thermoplastic Elastomer

图5-19　外壳材质与纹理

八、最终方案

最终方案表达如图 5-20～图 5-23 所示，分别为厨余垃圾处理器的总装图、CMF 分析、效果图以及使用场景图。

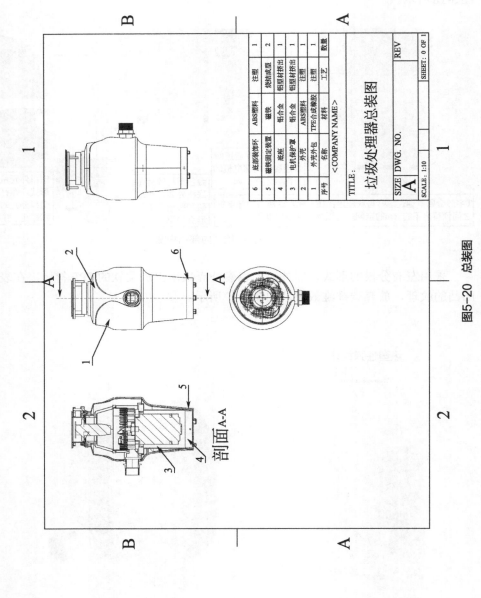

6	底部装饰环	ABS塑料	注塑	1
5	磁铁固定装置	磁铁	烧结成型	2
4	底座	铝合金	铝型材挤出	1
3	电机保护罩	铝合金	铝型材挤出	1
2	外壳	ABS塑料	注塑	1
1	外壳外包	TPE合成橡胶		1
序号	名称	材料	工艺	数量

<COMPANY NAME>			
TITLE: 垃圾处理器总装图			
SIZE **A**	DWG. NO.		REV
SCALE: 1:10			SHEET: 0 OF 1

图5-20 总装图

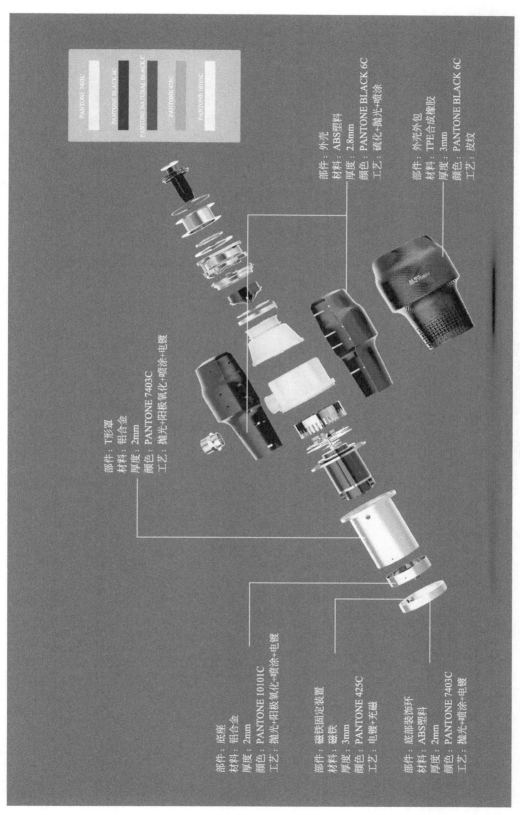

部件：T形罩
材料：铝合金
厚度：2mm
颜色：PANTONE 7403C
工艺：抛光+阳极氧化+喷涂+电镀

部件：外壳
材料：ABS塑料
厚度：2.8mm
颜色：PANTONE BLACK 6C
工艺：硫化+抛光+喷涂

部件：外壳外包
材料：TPE合成橡胶
厚度：3mm
颜色：PANTONE BLACK 6C
工艺：皮纹

部件：底座
材料：铝合金
厚度：2mm
颜色：PANTONE 10101C
工艺：抛光+阳极氧化+喷涂+电镀

部件：磁铁固定装置
材料：磁铁
厚度：3mm
颜色：PANTONE 425C
工艺：电镀+无磁

部件：底部装饰环
材料：ABS塑料
厚度：2mm
颜色：PANTONE 7403C
工艺：抛光+喷涂+电镀

图5-21　CMF分析

图5-22　效果图

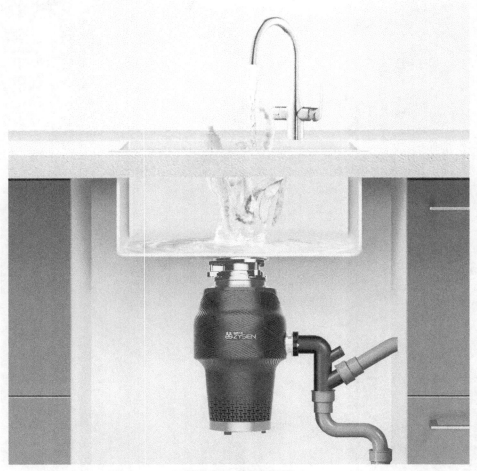

图5-23　使用场景图

参考文献

［1］柳冠中. 综合造型设计基础［M］. 北京：高等教育出版社，2009.

［2］何晓佑. 设计驱动创新发展的国际现状和趋势研究［M］. 南京：南京大学出版社，2018.

［3］罗伯托·维甘提. 第三种创新：设计驱动式创新如何缔造新的竞争法则［M］. 北京：中国人民大学出版社，2014.

［4］苏杰. 人人都是产品经理2.0：写给泛产品经理［M］. 北京：电子工业出版社，2017.

［5］吴琼. 产品系统设计［M］. 北京：化学工业出版社，2019.

［6］罗仕鉴，应放天，李佃军. 儿童产品设计［M］. 北京：机械工业出版社，2011.

［7］高存，等. 产品设计解决之道［M］. 北京：机械工业出版社，2013.

［8］约翰·赫斯科特著，克莱夫·迪诺特，苏珊·博兹泰佩编. 设计与价值创造［M］. 尹航，张黎，译. 南京：江苏凤凰美术出版社，2018.

［9］张路，徐威，李禹臻. 我们这样卖设计：工业设计专业创业实训［M］. 南京：江苏凤凰科学技术出版社，2017.

［10］钟元. 面向制造和装配的产品设计指南［M］. 北京：机械工业出版社，2016.

［11］钟元. 面向成本的产品设计：降本设计之道［M］. 北京：机械工业出版社，2020.

［12］恰安，沃格尔. 创造突破性产品：从产品策略到项目定案的创新［M］. 辛向阳，潘龙，译. 北京：机械工业出版社，2003.

［13］赵敏，张武城，王冠殊. TRIZ进阶及实战：大道至简的发明方法［M］. 北京：机械工业出版社，2015.

［14］李亦文，黄明富，刘锐. CMF设计教程［M］. 北京：化学工业出版社，2019.

［15］Liliana Becerra. CMF Design: The Fundamental Principles of Colour, Material and Finish Design[M]. Frame Publishers，2016.

［16］张犇，张磊，邵迪莎. 生活与设计美学［M］. 杭州：中国美术学院出版社，2019.

［17］蒂姆·布朗著. IDEO，设计改变一切. 候婷译. 沈阳：万卷出版公司，2011.

［18］代尔夫特理工大学工业设计工程学院著. 设计方法与策略：代尔夫特设计指南. 倪裕伟译. 武汉：华中科技大学出版社，2014.

［19］哈德格里姆松著. 产品设计模型：制作×技法×工艺. 张宇译. 北京：人民邮电出版社，2015.

Industrial

Design

Integral

Innovation

Practical